In caso di smarrimento, per favore leggimi.
Una volta terminato, fai in modo che qualcun'altro mi trovi.

un sorriso per La Terra

57 Consigli e Trucchi per un futuro più eco-friendly e sostenibile

BE KIND

ENTRA IN CONTATTO:
bekindcattolica@gmail.com

CREATO DA
Michael Balleroni;

DEDICATO

A CHI CREDE IN UN DOMANI PIÙ VERDE E GIUSTO. A CHI, NONOSTANTE LE TEMPESTE, NON SMETTE MAI DI SPERARE E AGIRE PER UN MONDO MIGLIORE.

PORTA CON TE QUESTE PAROLE, COME FIAMMELLE NEL BUIO, E SAPPI CHE INSIEME STIAMO CREANDO LA DIFFERENZA.

BE KIND

CONTENUTI

LA PRODUZIONE DI QUESTO LIBRO:
Zero sprechi, puro impegno!

Prima di immergerti ulteriormente nella lettura, volevamo condividere con te una particolarità che ci rende orgogliosi. Sai, nel mondo editoriale, uno dei problemi più grandi è la produzione eccessiva.

Milioni di libri vengono stampati, ma non tutti trovano una casa. Questi libri invenduti finiscono spesso per diventare rifiuti, e noi, nel nostro piccolo percorso verso la sostenibilità, abbiamo deciso che questo non doveva accadere al nostro prezioso volume. Ecco perché questo libro viene stampato e spedito solo quando **TU decidi di ordinarlo.**

Sì, proprio così! Non abbiamo migliaia di copie che accumulano polvere in un magazzino, aspettando invano di essere lette. Ogni libro ha il suo lettore dedicato, e ogni lettore ha il suo libro, appena sfornato e pronto a ispirare.

Adottare questo metodo "Zero Spreco" è il nostro modo per garantire che la nostra missione di sostenibilità non sia solo una serie di parole stampate su carta, ma una pratica concreta. Vogliamo essere un esempio non solo attraverso i consigli e le informazioni che condividiamo, ma anche attraverso le azioni che intraprendiamo.
Quindi, mentre tieni tra le mani questa copia, sappi che **è stata creata esclusivamente per te.** E mentre ti godi ogni pagina, speriamo che ti senta parte di questa nostra piccola, ma significativa, rivoluzione nel mondo dell'editoria. Grazie per aver scelto di leggerci!

UN RESPIRO PER LA TERRA:
Ogni Libro, un Albero

Nella frenesia della vita quotidiana, spesso dimentichiamo il potere delle piccole azioni. E se ti dicessimo che ogni pagina che sfogli in questo libro non è solo una fonte di ispirazione ma anche un gesto d'amore per il nostro pianeta?

Hai capito benissimo! In collaborazione con **Tree-Nation**, ogni libro acquistato diventa un albero piantato. Ma non finisce qui: vogliamo portare questo legame un passo avanti e condividere con te la crescita del tuo albero.

Sei prontə per il divertente twist? Prendi il tuo libro, scattati un selfie con esso e condividilo nelle tue Stories su Instagram taggando @bekind_italia. Non solo avrai l'opportunità di mostrare al mondo il tuo impegno per un futuro più verde, ma, lasciandoci la tua email, ti invieremo il tuo albero in regalo.

Così, potrai vedere con i tuoi occhi l'impatto che hai creato e far parte attiva della nostra **"Foresta Be Kind"**.
Ogni albero piantato è una promessa: la promessa di un futuro in cui l'umanità e la natura coesistono in armonia. Mentre ti perdi tra le righe di queste pagine, sappi che stai facendo la differenza, una foglia alla volta.

E non dimenticare di condividere il tuo momento Be Kind con noi; non vediamo l'ora di vedere la tua foto. Grazie per aver deciso di essere parte di questa incredibile avventura e di camminare con noi verso un mondo più sostenibile. Ogni libro, ogni albero, ogni selfie: insieme, stiamo creando un cambiamento positivo. E non potremmo essere più felici di avere te al nostro fianco!

IL MONDO ECO-FRIENDLY:
Un Pianeta, Una Responsabilità

C'è mai stato un momento in cui hai aperto una finestra, aspirato una boccata d'aria e pensato: "Mamma mia, che bellissimo pianeta abbiamo!"? Se sì, ti capiamo perfettamente. Se no, beh, forse dopo aver letto queste pagine lo farai. Ma perché stiamo parlando di questo? Perché il nostro pianeta, con tutte le sue meraviglie, **ha bisogno di una manina. O meglio, molte manine. Le tue incluse.**

"Eco-Friendly" non è solo una parola alla moda o un #Hashtag che vedi passare sul tuo feed di Instagram. È un approccio alla vita, un modo di vedere il mondo, **un impegno a lasciare un posto migliore di quello che abbiamo trovato.**

Ma cosa significa esattamente essere eco-friendly? In parole povere, significa **vivere in modo da non danneggiare l'ambiente.** Sembra semplice, no? Eppure, le implicazioni di questo concetto sono vaste e profonde!

Sostenibilità: Non Solo un "Buzzword"

Il termine "sostenibilità" è diventato di moda negli ultimi anni. Per alcuni, potrebbe sembrare un concetto astratto o lontano dalla nostra vita quotidiana. Ma, fidati, è più vicino di quanto pensi!

Sostenibilità significa **assicurarsi che le risorse che utilizziamo oggi siano disponibili anche per le generazioni future.** Non si tratta solo di riciclare (anche se è un ottimo inizio!); si tratta di ripensare completamente il nostro modo di vivere, consumare e interagire con il mondo che ci circonda.

Immagina la Terra come una grande torta.
Se ognuno di noi prende un pezzo troppo grande, non rimarrà nulla per chi viene dopo di noi. E non so come la vedi tu, ma a me piace pensare che **tutti abbiano diritto a una fetta!**

Perché È Così Cruciale?

Ogni volta che accendiamo una luce, compriamo qualcosa o decidiamo cosa mangiare, stiamo prendendo una decisione che ha un impatto sull'ambiente. E sì, anche le piccole decisioni contano. Perché? **Perché siamo in tantissimi! Ogni piccola azione, moltiplicata per miliardi di persone, può avere un effetto enorme.**

Ma c'è anche una buona notizia! Questo significa che ognuno di noi **ha il potere di fare la differenza.** La bellezza della sostenibilità è che non chiede la perfezione, ma la <u>consapevolezza</u> e la volontà di fare meglio, passo dopo passo.
Se ti stai chiedendo "Ma perché dovrei preoccuparmene?", la risposta è semplice: **perché questo è il solo pianeta che abbiamo.** E, credici, vale la pena prendercene cura.

E così, mentre ti avventuri in questo libro, ti invitiamo a guardare il mondo con occhi nuovi. A riflettere sulle tue abitudini, a sfidare te stessə e a scoprire come, insieme, possiamo costruire un futuro più verde. Sei prontə?
Avanti, il mondo ha bisogno di te!

IMPRONTA ECOLOGICA

Per sopravvivere, ciascuno di noi ha bisogno di soddisfare diverse necessità fondamentali, tra cui cibo, acqua e riparo.

Tuttavia, queste esigenze possono essere soddisfatte solo sfruttando le risorse naturali. Purtroppo, il nostro attuale ritmo di consumo di risorse insieme all'espansione incontrollata degli insediamenti umani hanno compromesso seriamente il nostro pianeta, portando all'inquinamento ambientale, alla perdita di biodiversità e alle variazioni climatiche.

Il primo passo per agire in modo responsabile nei confronti dell'ambiente è **capire il proprio impatto.** Un indicatore chiave in questo senso è l'**impronta ecologica**, che rappresenta la quantità di risorse necessarie per soddisfare la domanda dell'umanità.

Tuttavia, l'**Earth Overshoot Day, ovvero il giorno in cui l'umanità consuma tutte le risorse prodotte dalla Terra per l'anno intero, arriva sempre più presto.** Nel 2019 è stato raggiunto il 29 luglio, il che significa che l'uomo ha utilizzato le risorse di 1,75 Pianeti. Inoltre, se tutti vivessimo seguendo lo standard di consumo australiano, sarebbero necessari altri 5,2 Pianeti per soddisfare la domanda della popolazione mondiale, mentre ne servirebbero 5 se tutti adottassimo lo stile di vita degli Stati Uniti. Questi dati ci indicano l'importanza di ridurre il nostro impatto sull'ambiente e di **adottare uno stile di vita più sostenibile** per il bene del nostro pianeta e delle generazioni future.

MISURA LA TUA "CARBON FOOTPRINT"

Prontə a partire per un viaggio straordinario verso un mondo più sostenibile?

Prima di tuffarci in questo percorso avventuroso, è importante capire da dove partiamo. Hai mai sentito parlare dell'Impronta Ecologica o "**Carbon Footprint"?**

È un indicatore che ci dice quanto le nostre azioni quotidiane influenzino il pianeta che amiamo. Se ti sembra complicato, non preoccuparti, ti guideremo noi!

Pensa all'impronta ecologica come un punteggio da 1 a 100: più vicino sei al 100, meno impatto hai sul pianeta, ovvero più sei sostenibile.

Un punteggio più basso significa solo che abbiamo spazio per migliorare, e questo è esattamente quello che faremo attraverso questo libro.

Adesso, prepara carta e penna o apri l'app note del tuo smartphone: iniziamo a calcolare la tua impronta ecologica con un piccolo questionario.

Ad ogni risposta, attribuisci i punti indicati e poi sommali. Prontə? Vai!

• Quanto spesso riutilizzi o ricicli oggetti di uso quotidiano?

Sempre: aggiungi dai 6 ai 10 punti
A volte: aggiungi dai 1 ai 5 punti
Raramente o mai: non aggiungere punti

• Come gestisci l'acqua in casa? (risparmi acqua, raccogli l'acqua piovana, ecc.)

Sempre: aggiungi dai 6 ai 10 punti
A volte: aggiungi dai 1 ai 5 punti
Raramente o mai: non aggiungere punti

• Quanto spesso consumi alimenti locali e di stagione?

Sempre: aggiungi dai 6 ai 10 punti
A volte: aggiungi dai 1 ai 5 punti
Raramente o mai: non aggiungere punti

• Usi la bicicletta o i mezzi pubblici invece dell'auto per gli spostamenti quotidiani?

Sempre: aggiungi dai 6 ai 10 punti
A volte: aggiungi dai 1 ai 5 punti
Raramente o mai: non aggiungere punti

• Quanto spesso fai acquisti consapevoli, preferendo prodotti eco-sostenibili?

Sempre: aggiungi dai 6 ai 10 punti
A volte: aggiungi dai 1 ai 5 punti
Raramente o mai: non aggiungere punti

• Quanto spesso partecipi a eventi o attività sostenibili?

Sempre: aggiungi dai 6 ai 10 punti
A volte: aggiungi dai 1 ai 5 punti
Raramente o mai: non aggiungere punti

• Quanto spesso ti prendi cura della tua bellezza in modo sostenibile (prodotti naturali, riduzione dei rifiuti, ecc.)?

Sempre: aggiungi dai 6 ai 10 punti
A volte: aggiungi dai 1 ai 5 punti
Raramente o mai: non aggiungere punti

• Quanto spesso ti dedichi al verde, come curare un giardino o un orto, o fare compostaggio?

Sempre: aggiungi dai 6 ai 10 punti
A volte: aggiungi dai 1 ai 5 punti
Raramente o mai: non aggiungere punti

• Come gestisci l'energia in casa? (risparmi energia, usi fonti rinnovabili, ecc.)

Sempre: aggiungi dai 6 ai 10 punti
A volte: aggiungi dai 1 ai 5 punti
Raramente o mai: non aggiungere punti

Quanto spesso scegli di viaggiare in modo sostenibile?

Sempre: aggiungi dai 6 ai 10 punti
A volte: aggiungi dai 1 ai 5 punti
Raramente o mai: non aggiungere punti

Hai sommato tutti i punti? Eccoci! Scrivi il totale all'interno del cerchio verde! Questo è il tuo punteggio di partenza.

Lungo il viaggio che stiamo per intraprendere, scoprirai una **serie di azioni quotidiane** che ti permetteranno di aumentare il tuo punteggio e ridurre la tua impronta ecologica.

E ora iniziamo e pronti a partire verso un mondo più sostenibile!

/ 100

L'ECOLOGIMETRO:
Da Neo-Green a Maestro Verde!

Da 1 a 25 - "Neo-Green Novizio"

Sei appena entrato nel mondo della sostenibilità e hai ancora molto da imparare, ma non temere! Ogni grande viaggio inizia con un piccolo passo. Continua a informarti e ad adottare abitudini eco-friendly. L'ambiente ti ringrazierà!

Da 26 a 50 - "Riciclatore Rampante"

Stai prendendo confidenza con la vita sostenibile e stai facendo progressi notevoli. Ogni tanto scivoli in qualche vecchia abitudine, ma sei decisamente sulla giusta strada. Mantieni l'entusiasmo e cerca nuovi modi per ridurre il tuo impatto.

Da 51 a 75 - "Guerriero Eco-Energico"

Wow! Sei davvero in sintonia con Madre Terra. Conosci le tue abitudini ecologiche e sei sempre alla ricerca di modi per migliorare. Continua così e non dimenticare di condividere le tue conoscenze con gli altri!

Da 76 a 100 - "Maestro della Mente Verde"

Sei un vero campione dell'ambiente! Potresti tranquillamente insegnare agli altri come vivere in modo sostenibile. Ma ricorda, c'è sempre spazio per crescere e per imparare. Continua a diffondere il messaggio e ad essere un modello brillante per tutti.

SCRIVI QUI IL TUO LIVELLO:

CASA

Stiamo per entrare in un territorio molto familiare, la tua casa!
Ti sei mai fermata a pensare a quante opportunità ci sono
per essere sostenibili proprio sotto il tuo tetto?
Ogni angolo della tua casa **può diventare un piccolo
paradiso verde,** se sai come fare.

SOSTENIBILE

E siamo qui proprio per quello, no? In questo capitolo, esploreremo insieme 14 fantastici modi per portare la sostenibilità nel tuo nido d'amore. Dai piccoli gesti quotidiani alle scelte di stile di vita più impegnative.
Allaccia le cinture e mettiti comodə!

Quante volte ti sei trovatə a guardare un vecchio oggetto e a pensare:
"Questo non mi serve più, dovrei gettarlo via"?

Fermati un attimo! **Prima di cestinarlo, perché non dargli una seconda possibilità?** Potrebbe avere una nuova vita, un nuovo scopo.

E sai qual è la cosa più bella? È che non solo stai dando un nuovo respiro a un oggetto che sarebbe finito in discarica, ma stai anche riducendo la tua impronta di carbonio!

Riciclare creativamente significa dare un nuovo scopo a oggetti che altrimenti avresti buttato via. Prendi quella vecchia maglietta che non metti più da un sacco di tempo. Potrebbe diventare un bellissimo e colorato straccio per la pulizia, o forse un pratico sacchetto per la spesa.

E quel barattolo di vetro vuoto che hai in cucina? Perfetto come vaso per una nuova piantina o come contenitore per i tuoi pastelli. Per non parlare di quei vecchi libri che hai già letto un milione di volte!

Potrebbero diventare magnifici supporti per le tue piante, o persino fare da base per un tavolino fai-da-te!

Vedi dove voglio arrivare? Ogni oggetto può avere una nuova vita, se solo glielo permettiamo. È un modo divertente, creativo e, soprattutto, sostenibile di riutilizzare ciò che già possediamo.

ECO-KIND CHALLENGE:

Guarda intorno a te, trova un oggetto che stavi per buttare via e pensa a come potresti riciclarlo. Scommetto che riuscirai a trovargli un nuovo utilizzo!

E una volta che avrai trovato l'idea giusta, ricordati di aggiungere qualche punto al tuo contatore della sostenibilità. Ogni piccola azione conta, e riciclare è una delle più gratificanti! Allora, cosa aspetti?

Mettiti alla prova e diventa un maestro dell'arte del riciclo creativo!

ECO PUNTI

/ 2

Ora tocca alla... chimica! Non scappare! Non stiamo parlando di formule complicate o esperimenti esplosivi. Parliamo piuttosto della chimica che abbiamo tutti in casa, in cucina o in bagno, nelle bottiglie dei detergenti. Quelli che usiamo per pulire e rendere lucenti le nostre case. Ma ti sei mai chiestə **quanto siano "Green" quei prodotti?**

Spesso, la risposta è: non tanto. Molti di questi prodotti contengono sostanze chimiche che, oltre a pulire, possono essere dannose per l'ambiente quando vengono scaricate. E non parliamo solo dell'ambiente esterno, ma anche di quello interno.

Alcuni di questi solventi possono anche rilasciare vapori nocivi o causare irritazioni.

Esistono alternative naturali ed ecologiche a questi articoli. Pensaci, nonna non aveva tutto quel bel reparto di detergenti al supermercato, eppure riusciva a tenere la casa pulita, no? Come faceva?

Usava ingredienti semplici e naturali, come l'aceto, il bicarbonato di sodio, il limone.

Questi ingredienti, usati da soli o in combinazione, possono fare miracoli. E non solo sono efficaci ma fanno bene anche al pianeta (e al tuo portafoglio!).

ECO-KIND CHALLENGE:

Prova a sostituire un prodotto di pulizia chimico con una soluzione naturale. Vai al supermercato, **sezione eco**, e scegli un prodotto green, o preparalo tu stesso a casa con ingredienti naturali.

E poi fammi sapere: noti la differenza? Per ogni prodotto chimico che riesci a sostituire con un'alternativa green, guadagni dei punti per il tuo punteggio di carbon footprint.

Scrivi qui sotto i prodotti che hai acquistato:

1. _____

2. _____

3. _____

4. _____

ECO PUNTI

/ 2

Hai mai notato quanto spesso lasciamo le luci accese in stanze inutilizzate? O quanti apparecchi **restano collegati alla presa elettrica** anche quando non li stiamo usando?

Sembra una piccolezza, ma la verità è che queste piccole abitudini possono avere un impatto enorme sul nostro consumo energetico e, di conseguenza, sulla nostra impronta di carbonio. Ecco perché è importante che ci mettiamo in gioco per cambiare le cose.

Prima di tutto, parliamo di illuminazione. Sapevi che sostituendo le tue vecchie lampadine con quelle a LED, potresti ridurre il consumo di energia **fino all'80%?**

E non è solo questione di risparmio energetico, ma anche di risparmio in bolletta!

Poi ci sono i **"vampiri energetici"**, quegli apparecchi che consumano energia anche quando non sono in uso. Non sto dicendo di smettere di usare il frigorifero o la lavatrice, ma di prestare attenzione a come li usiamo.

Per esempio, **spegnere il Wi-Fi durante la notte o scollegare il caricabatterie del cellulare** quando non è in uso può fare la differenza.

Infine, ricordiamoci di sfruttare al massimo la luce naturale durante il giorno, e di abbassare il riscaldamento di un paio di gradi in inverno.

Questi piccoli gesti possono contribuire enormemente a ridurre la nostra impronta di carbonio e a rendere le nostre case più sostenibili.

ECO-KIND CHALLENGE

Prenditi due minuti per pensare a quale di questi cambiamenti potresti fare nella tua vita quotidiana e poi aggiungi qualche punto al tuo contatore della sostenibilità.

Scrivili qui sotto:

1. _____

2. _____

3. _____

4. _____

ECO PUNTI

/ 2

Hai mai pensato a quanto possa essere rigenerante avere un po' di verde in casa?

Non è necessario avere un giardino botanico in salotto, ma **qualche pianta ben posizionata non solo può rendere il tuo spazio più accogliente**, ma può anche aiutarti a respirare aria più pulita.

Sì, hai capito bene, le piante da interno non sono solo decorative, ma possono effettivamente purificare l'aria e aumentare i tuoi livelli di felicità. Ed ecco come.

Prima di tutto, lascia che ti presenti un fiore davvero speciale: la **Dalia, il fiore della gratitudine**. Con i suoi petali radiosi e colorati, è un vero e proprio toccasana per l'umore.

Inoltre, la Dalia è considerata un fiore simbolo di eleganza e creatività, due qualità che possono sicuramente ispirarci nel nostro viaggio verso la sostenibilità.

Ma ci sono anche altre piante da interno che possono contribuire a migliorare la qualità dell'aria in casa.

Per esempio, il **ficus**, che è noto per le sue capacità di purificazione dell'aria, o la **sanseveria**, una pianta robusta che rilascia ossigeno durante la notte e può quindi essere un'ottima compagna per la tua camera da letto.

Avere piante in casa può sembrare una banalità, ma in realtà può fare una grande differenza. Oltre a migliorare la qualità dell'aria, le piante possono anche aiutare a ridurre lo stress, migliorare l'umore e aumentare la concentrazione.

ECO-KIND CHALLENGE

Quindi, cosa ne pensi? Sei prontə a trasformare la tua casa in un'oasi? Se hai già qualche pianta, ottimo! Puoi già aggiungere qualche punto al tuo contatore della sostenibilità!

Scrivi qui sotto le piante che hai in casa o che vorresti inserire:

1. ———————————————

2. ———————————————

3. ———————————————

ECO PUNTI

/ 2

27

Quanto è preziosa l'acqua che scorre dal tuo rubinetto ogni giorno? Spesso diamo per scontato l'accesso all'acqua potabile, ma non dovremmo.

Dopotutto, l'acqua è vita! Ne siamo la prova vivente, l'essere umano **è composto in media dal 60/70% d'acqua**. E ognuno di noi ha un ruolo da svolgere nel preservare questo prezioso dono.

Iniziamo dalla cucina, il cuore della casa. Sai che lasciando il rubinetto aperto mentre lavi i piatti a mano può sprecare fino a 20 litri di acqua al minuto?

Pensa a quanto potresti risparmiare se, invece, riempissi un lavello o una ciotola con acqua e la usassi per sciacquare i piatti! Oppure, invece di aspettare che l'acqua diventi calda, perché non riempi una brocca e la tieni in frigo? Così avrai sempre dell'acqua fresca a disposizione!

Passiamo poi al bagno. Sapevi che una doccia di dieci minuti può consumare fino a 200 litri di acqua?

E non parliamo nemmeno della vasca, dove ogni immersione può consumare fino a 400 litri di acqua!

Prova a ridurre il tempo che passi sotto la doccia e, se possibile, **installa un doccino a basso flusso.**

Ah, e una cosa di cui non parliamo mai abbastanza spesso: chiudere il rubinetto mentre ti lavi i denti può risparmiare fino a **6 litri d'acqua al minuto.** Facile, no?

Ridurre l'uso dell'acqua non solo aiuta a preservare questo prezioso risorsa, ma può anche farti risparmiare sulle bollette.

Quindi, come va la tua rivoluzione dell'acqua? Ti ho convintǝ a provarci?

ECO PUNTI

/ 2

UN BAGNO SOSTENIBILE

Hai mai aperto l'armadietto del tuo bagno e ti sei fermatə a pensare a quante bottiglie di plastica ci sono?

Shampoo, balsamo, doccia schiuma, lozione per il corpo... la lista potrebbe continuare all'infinito.

Ora, non sto dicendo che dovresti smettere di usarli. Dopotutto, l'igiene personale è importante! Ma quello che posso suggerirti è di fare scelte più eco-friendly.

Prima di tutto, perché non provi a scegliere prodotti con **imballaggi riciclabili o, meglio ancora, senza imballaggi?**

Sì! Esistono saponi, shampoo e balsami solidi che non hanno bisogno di una bottiglia di plastica per stare insieme. E, sono **super facili da trasportare se viaggi spesso!**

Se non ti piace l'idea di prodotti solidi, puoi optare per prodotti in **bottiglie di plastica riciclata o riutilizzabile.**

O, ancora meglio, perché non riempire le tue bottiglie nei negozi di rifornimento?

È un modo fantastico per ridurre gli sprechi e spesso risparmi anche qualche soldo!

Un'altra cosa da considerare sono gli ingredienti. Molti prodotti per l'igiene personale contengono sostanze chimiche che possono essere dannose per l'ambiente quando vengono lavate.

ECO-KIND CHALLENGE

Ora, facciamo un gioco. Guarda l'armadietto del tuo bagno e conta quanti prodotti potresti sostituire con alternative più sostenibili.

Scrivi poi qui sotto i prodotti che hai acquistato! Nel capitolo dedicato al Beauty, ti daremo qualche consiglio più pratico!

1. _____

2. _____

3. _____

ECO PUNTI

/ 2

07 LAVORARE DA CASA

Da quando il Covid-19 ha messo il mondo sottosopra, lo **smart working è diventato la norma piuttosto che l'eccezione.**

Ma sapevi che lavorare da casa può essere non solo comodo (benvenuto pigiama tutto il giorno!), ma anche sostenibile? Non ci credi? Dai, aggiornati!

Prima di tutto, pensa a tutte le emissioni di gas serra che risparmi quando non devi fare il pendolare ogni giorno. Niente auto, niente bus, niente treno.

Solo tu, il tuo pigiama e il tuo laptop. Non è grandioso?

E se ti dicessi che puoi diventare ancora più verde? Si, è possibile! Ad esempio, potresti considerare di passare ad un fornitore di energia verde per la tua casa/ufficio.

Oppure, potresti pensare a come ottimizzare l'uso di energia. Come ad esempio, **spegnere il computer durante la pausa pranzo.** E quando finisci di lavorare, assicurati di spegnere tutto, non lasciare i dispositivi in standby.

Questo non solo risparmia energia, ma allunga anche la durata dei tuoi dispositivi.

E cosa dire delle forniture per l'ufficio? Potresti scegliere prodotti eco-friendly, come carta riciclata, penne riutilizzabili o quaderni di bambù.

Ora arriva la parte divertente: sei prontə a metterti alla prova? Quante di queste pratiche stai già adottando nel tuo lavoro da casa?

Adotti nuovi modi per essere sostenibile di cui ancora non abbiamo parlato? Inviaci un messaggio su instagram a **@bekind_italia** e saremo felici di condividerlo con tutto il mondo del web!

Anche tu bevi l'acqua filtrata a casa?

Partiamo dai vantaggi.
Prima di tutto, bere acqua filtrata può migliorare il gusto e l'odore dell'acqua del rubinetto. Se l'acqua della tua zona ha un sapore o un odore strano, un buon filtro può fare miracoli. Inoltre, i filtri possono rimuovere una serie di contaminanti potenzialmente dannosi, **come cloro, piombo, batteri e virus.**

Ora, un altro grande vantaggio dell'acqua filtrata riguarda il nostro pianeta. Se bevi acqua filtrata invece di acqua in bottiglia, contribuisci a **ridurre la quantità di plastica che finisce in discarica o, peggio ancora, nei nostri oceani.**

E in più, pensa a tutti i soldi che risparmi non comprando bottiglie d'acqua!

Però, come tutte le cose, ci sono anche degli svantaggi. Ad esempio, i filtri per l'acqua richiedono una certa manutenzione.

Devi cambiarli regolarmente per assicurarti che funzionino correttamente. E, ovviamente, c'è il costo iniziale del filtro stesso.

Inoltre, non tutti i filtri sono uguali. Alcuni rimuovono più contaminanti di altri, quindi è importante fare una **ricerca accurata prima di acquistarne uno.** E ricorda, anche se l'acqua filtrata può avere un sapore migliore e può essere più sicura, non è una soluzione universale.

In alcune aree, l'acqua del rubinetto può contenere contaminanti che un filtro domestico standard non è in grado di rimuovere.

Comunque, in generale , l'acqua filtrata è un'opzione interessante, sia per il gusto che per l'ambiente. Che ne dici, proviamo a installare un filtro al lavandino?

09 TOTE BAG

Scommetto che hai già visto queste borse super cool che le persone portano in giro. Sai, quelle con le frasi divertenti, i disegni vivaci o i loghi alla moda. Beh, quelle sono le tote bag! E non solo sono alla moda, ma sono anche super pratiche e rispettose dell'ambiente.

Queste borse possono contenere un mondo intero! Dal tuo portatile alle tua spesa per la settimana. E il bello? Sono realizzate in materiali resistenti come il cotone o la juta, quindi durano per sempre!

Dove puoi trovare queste meraviglie? Ovunque, letteralmente. Dai negozi di moda ai supermercati, online o nei negozi di articoli da regalo del tuo quartiere. Spesso, le trovi con bellissime stampe, quindi non solo fai un acquisto ecologico, ma anche stiloso!

Ogni volta che usi una tote bag, stai riducendo la quantità di plastica che finisce nell'ambiente. Sai quelle brutte buste di plastica che volano ovunque quando vai a fare la spesa? Con una tote bag, non dovrai più preoccuparti!

Quindi, la prossima volta che vai a fare acquisti, ricordati di portarla!

ECO PUNTI

/ 1

10 CREA UN COMPOST

Ti è capitato mai di trovare cinque euro che non ricordavi di avere in una tasca di un vecchio giubbotto?

Beh, preparati a qualcosa di simile, ma in chiave eco! **Immagina di prendere tutti quegli avanzi di cibo e bucce di frutta che avresti gettato** e di trasformarli.. in un tesoro per il tuo giardino, per il tuo orto urbano o le tue piante in vaso. Stiamo parlando del compost domestico!

Se sei fortunatə ad avere un giardino, dedica un angolino per una compostiera. Non ti preoccupare se sei unə cittadinə della giungla di cemento con solo un balconcino: ci sono compostiere speciali pensate proprio per gli appartamenti.

Quel che è fantastico è che, dopo un po', tutto quello che hai messo dentro si trasformerà in un **fertilizzante naturale potentissimo.** È come fare magia, ma senza cappello a punta o bacchetta magica: solo tu, i tuoi scarti e un po' di pazienza. **Dai rifiuti alla ricchezza...** un vero e proprio 'oro verde' per le tue piante!

ECO PUNTI

/ 1

Hai già visto in giro quelle magliette super economiche che cambiano design ogni settimana nei grandi negozi di moda? Sono parte di quello che chiamiamo "fast fashion".

Prima di lasciarti sedurre dall'ennesima t-shirt a poco prezzo, c'è qualcosa che dovresti sapere..

La "fast fashion" ha un costo nascosto! Questa tendenza, che vede la produzione di capi a ritmi frenetici per soddisfare le mutevoli tendenze della moda, ha pesanti ripercussioni sul nostro pianeta e sulle persone.

1. Consumo smodato di risorse:

Immagina quanta acqua serve per fare una singola maglietta. Spoiler: sono migliaia di litri! Multiplica questo per milioni di t-shirt e... beh, inizia a farti un'idea.

2. Inquinamento tossico:

Molti vestiti vengono tinti usando sostanze chimiche che finiscono nei fiumi e nei mari delle nazioni produttrici. Immagina quei bellissimi fiumi trasformarsi in gole di colori tossici.

3. Lavoro non etico:

Spesso, dietro quella camicetta alla moda, c'è la storia di un lavoratore sottopagato e sfruttato in fabbriche senza condizioni di sicurezza adeguata.

4. Montagne di rifiuti:

Con il cambio continuo delle tendenze, i vestiti diventano "vecchi" in un batter d'occhio. Dove finiscono? Nelle discariche.
E molti di questi indumenti sono fatti di materiali che impiegano secoli a decomporsi.

Quindi, la prossima volta che vedi quel cartellino con un prezzo irresistibile, chiediti: *"Qual è il vero costo di questo capo?"*.

Non permettiamo alla moda di andare e venire distruggendo il nostro amato pianeta. Scegli di investire in abiti di qualità, di marchi etici, e ricorda che essere alla moda non significa seguire ciecamente le tendenze, ma **esprimere chi sei con stile e responsabilità.**

ECO PUNTI

/ 1

CANDELA FAI DA TE

12

Hai mai creato una candela profumata?

È un'ottima attività da fare a casa in quelle giornate uggiose da solə o insieme ai tuoi bambini. Preparare candele fai-da-te può diventare un piccolo laboratorio creativo per introdurre i più giovani al concetto di sostenibilità, insegnando loro l'importanza del riciclo e dell'uso di materiali naturali.

Ecco come fare in pochi semplici passi:

1. Raccolta dei Materiali:

- Cera di soia: un' opzione naturale e biodegradabile. La cera di soia è particolarmente morbida e perfetta per candele in contenitori.

- Oli essenziali: scegli i tuoi preferiti per dare alla tua candela un aroma unico. La lavanda, l'eucalipto o l'arancia sono solo alcuni esempi.

- Stoppino: possono essere acquistati online o in negozi specializzati.

- Contenitori: vecchi vasetti di vetro o tazze possono diventare perfetti contenitori per le tue candele. Ricicla e dai nuova vita ai contenitori che hai in casa!

2. Alla Creazione!

- Fai sciogliere lentamente la cera in un pentolino a bagnomaria. Assicurati di non surriscaldarla.

- Una volta sciolta, aggiungi alcune gocce del tuo olio essenziale preferito e mescola bene.

- Fissa lo stoppino al centro del tuo contenitore con un po' di cera fusa.

- Versa con cura la cera profumata nel contenitore.

- Lascia solidificare per alcune ore.

3. Momento Magico:

- Una volta che la tua candela si è completamente solidificata, è il momento di accenderla! Guarda la sua fiamma danzante e goditi il profumo naturale che hai creato.

Queste candele possono diventare splendidi regali fatti a mano per amici e familiari, sopratutto in un periodo come il Natale.
Allora, cosa aspetti? Metti in pratica la tua creatività e divertiti creando qualcosa di bello, sostenibile e profumato!

ECO PUNTI

Scommetto che anche tu, come me, ti sei ritrovatǝ più volte a guardare un simbolo su un prodotto pensando: "Cosa diavolo significa questo disegnino?". Ebbene, ti parlo dei simboli del riciclaggio!

Simbolo di Riciclabilità (o Moebius Loop): Si tratta di quelle tre frecce che corrono l'una dietro l'altra formando un triangolo. Se le vedi, significa che l'oggetto è riciclabile. Ma attenzione: se il triangolo ha un numero dentro, sta indicando il tipo di plastica con cui è fatto l'oggetto.

Il Tidyman: È quel simpatico omino che sta gettando un rifiuto in un bidone. Lui è lì per ricordarti di essere un bravo cittadino e gettare l'oggetto nel cestino quando hai finito di usarlo.

Simbolo Verde Punto: Questo simbolo verde con due frecce intrecciate significa che il produttore ha contribuito economicamente alla raccolta e al riciclaggio dell'imballaggio.

Pericolo Ambientale: Questo è uno di quei simboliche non vuoi vedere spesso. È un rombo con un albero ed un pesce morto, e significa che il prodotto è pericoloso e dannoso per l'ambiente.

Simbolo FSC (Forest Stewardship Council): Se vedi questo simbolo su un prodotto di carta o legno, significa che proviene da foreste gestite in modo sostenibile. Buone notizie per gli alberi!

Ora che sei un espertə di simboli di riciclaggio, sei prontə per fare la tua parte e salvare il pianeta! Informazione è potere!
Aggiungi un +1 ai tuoi eco punti!

Continua a seguirmi perché c'è un'**App dedicata proprio a questo** che può aiutarti a riciclare i prodotti nel miglior modo ed è...

ECO PUNTI

/ 1

43

Ora voglio parlarti di un piccolo aiutante digitale che ha trasformato il mio modo di gestire i rifiuti: sto parlando di **Junker!**

Junker è una fantastica app che ti aiuta a capire dove andrebbero gettati i rifiuti. Sai, quel dilemma eterno: "Questo dove lo butto? Plastica? Vetro? Indifferenziata?". Ecco, Junker è la risposta alle tue preghiere.

Funziona in modo super semplice: **fai uno scan del codice a barre del prodotto che vuoi gettare e, in un batter d'occhio, l'app ti dice in quale contenitore dovresti gettarlo.**

Ma non è finita qui! Junker ha anche una sezione educativa dove ti spiega come funziona il riciclaggio e ti dà consigli su come ridurre i rifiuti. Inoltre, potrai partecipare a sfide settimanali per migliorare le tue abitudini e rendere il mondo un posto più verde.

E il bello è che Junker funziona grazie alla collaborazione di tutti noi. **Se trovi un prodotto che non è ancora nel database dell'app, puoi aggiungerlo tu stesso!**
È un fantastico modo per aiutare gli altri a fare la scelta giusta quando si tratta di smaltire i rifiuti.
Scaricala e provala!

ECO PUNTI

/1

YUUY:
DIVERSAMENTE PAGINE

Immagina una casa, ma non una casa qualsiasi. Una casa piena di cose che nessuno vuole più. Roba che la gente ha messo da parte, abbandonate, ritenute inutili.

Adesso immagina qualcuno che entra in questa casa, guarda queste cose dimenticate e **vede non solo rifiuti, ma potenziale.** Un potenziale per la bellezza, per l'arte, per la sostenibilità. Questo è **YUUY.**

YUUY è come quel tuo amico che può guardare una pila di vecchi giornali e vedere un'opera d'arte. Solo che invece di arte, vede quaderni. Si, quaderni! YUUY è un **progetto di legatoria che prende ciò che gli altri buttano via** e lo trasforma in bellissimi, unici, notebook fatti a mano.

Utilizzano di tutto: da vecchi giornali a pagine di vecchi libri, pezzi di tessuto, perfino vecchi CD!

Ogni "rifiuto" è un tesoro per YUUY. Ogni oggetto viene attentamente studiato, tagliato a seconda della sua forma e dimensioni, poi riempito di pagine e rilegato. Ogni notebook ha la sua rilegatura unica. Ogni processo è un viaggio, e ogni notebook è unico.

Ma non si tratta solo di fare belle cose. YUUY è un progetto **etico e di comunità**. È un modo per riportare in vita gli scarti industriali e quotidiani in un'ottica di economia circolare.

È un modo per farci guardare i materiali che ci circondano in una luce completamente nuova.

Come dicono loro stessi, "tutto nasce dagli oggetti nascosti nel nostro vivere quotidiano e questo rende le pagine di YUUY un insieme di carta nelle quali possiamo riconoscerci con un significato e con ironia". Perciò la prossima volta che guardi qualcosa che stai per gettare via, chiediti: **cosa vedrebbe YUUY?**

Ecco il potere del riciclo creativo. Ecco la magia di YUUY.

Trovi maggiori informazioni su www.yuuy.it o sulla loro pagina instagram @yuuy_books

THAELY
Scarpe Sostenibili

Thaely è il brand di sneakers che sta ridefinendo il concetto di "scarpa alla moda": PETA-certified, vegan e sostenibili.

Questa azienda non scherza quando si tratta di rispettare il pianeta. Immagina una scarpa dove il cuore è fatto non di cuoio o camoscio, ma di ben **10 sacchetti e 12 bottiglie di plastica riciclata!** Non solo sono belle, ma danno anche nuova vita a quello che sarebbe altrimenti spazzatura.

E non finisce qui. Sai da dove vengono i materiali per realizzare queste piccole meraviglie? Thaely ha stretto una partnership con Skrapp, un'organizzazione ambientalista, per assicurarsi che ogni materiale utilizzato provenga da fonti sostenibili. E precisamente stiamo parlando di materiali recuperati direttamente da abitazioni e uffici nella regione di Delhi-NCR, in India.

Una trasformazione da spazzatura a risorsa di valore, promuovendo un'economia circolare.

L'azienda si impegna anche a ridurre le emissioni di carbonio e a conservare l'acqua, utilizzando metodi all'avanguardia per risparmiarla e trattarla dopo l'uso.

Sai qual è la ciliegina sulla torta? Il packaging. Minimalista, **realizzato con carta riciclata e... piantabile!**

Sì! Puoi piantare la scatola delle tue sneakers e coltivare del basilico.
Oltre a tutto ciò, Thaely crede nella trasparenza e nell'istruzione. Desiderano che tu conosca ogni tappa della vita delle tue scarpe, dalla materia prima al prodotto finito. Sul loro sito, puoi trovare una panoramica dettagliata di come sono fatte le tue sneakers e, attraverso blog e workshop, ti possono aiutare ad adottare uno stile di vita più sostenibile.

In conclusione, le sneakers Thaely sono molto più di un semplice paio di scarpe. Sono un simbolo di un futuro più verde, un mix di stile e sostenibilità.

BEAUTY

Ciao bellezza! Prontə a immergerti nel mondo affascinante e scintillante del beauty? Non parleremo solo di trucchi e cosmetici. Parleremo di bellezza autentica, quella che rispetta la pelle e il pianeta. Ebbene sì, sei entratə nel capitolo tutto dedicato alla sostenibilità nel beauty.

SOSTENIBILE

Non stiamo scherzando quando diciamo che la bellezza dovrebbe essere più profonda e non occuparsi solo dell'aspetto esteriore.. Dovrebbe estendersi al nostro bellissimo pianeta, mantenendo i suoi **colori vivaci e la sua vita rigogliosa.** Ma come possiamo farlo? Beh, è arrivato il momento di scoprire i prodotti di bellezza eco-sostenibili.

Ti sei mai chiestə come fare il fondotinta in casa? Fare il fondotinta a casa è più semplice di quanto pensi ed è un ottimo modo per sapere esattamente cosa stai mettendo sulla tua pelle. E vuoi sapere un altro segreto? È divertente, come un piccolo progetto di chimica, solo che alla fine non ottieni un vulcano in eruzione, ma un fondotinta su misura per la tua pelle!

Ecco i passaggi da seguire:

Ingredienti:
Avrai bisogno di amido di mais, cannella, cacao in polvere e polvere di argilla (che puoi trovare in un negozio di prodotti naturali o online).

L'amido di mais serve come base, la cannella e il cacao ti aiutano a trovare il colore giusto, e la polvere di argilla ha fantastiche proprietà per la pelle!

Mescola:
Inizia con due cucchiai di amido di mais come base. Quindi, aggiungi gradualmente il cacao e la cannella fino a ottenere la tonaulità che si avvicina di più al tuo colore di pelle. Attenzione, è meglio aggiungere questi ingredienti poco a poco - puoi sempre aggiungere, ma non puoi togliere!

Testa:

Fa' un piccolo test sulla pelle per vedere se la tonalità si adatta. Se è troppo chiara, aggiungi più cacao. Se è troppo scura, aggiungi più amido di mais. Se hai bisogno di un tono più caldo, aggiungi più cannella.

Aggiungi la polvere di argilla:

Una volta trovato il colore giusto, aggiungi un po' di polvere di argilla. Questo aiuterà il tuo fondotinta a aderire meglio alla tua pelle.

Conserva:

Una volta che sei soddisfattə con il tuo fondotinta, conservalo in un piccolo barattolo di vetro con coperchio.

Et voilà! Hai appena creato il tuo fondotinta fatto in casa. Ora puoi aggiungere "chimico cosmetico" al tuo CV. Ma seriamente, è un modo fantastico per risparmiare, essere più ecologicə e sapere esattamente cosa stai applicando sulla tua pelle.

Provaci, potrebbe diventare il tuo nuovo progetto fai-da-te preferito!

ECO PUNTI

/ 1

16 CREMA VISO NATURALE

Stai trattando la tua pelle da vera diva? Non c'è bisogno di stendere il tappeto rosso ogni volta che si parla di lei, ma certamente ha bisogno di essere coccolata con i prodotti giusti. Ed è qui che entra in gioco la crema viso naturale.

Dimentica i prodotti pieni di ingredienti impronunciabili che potrebbero farti pensare di essere tornatə ad avere a che fare col tuo prof di chimica delle superiori. Parliamo di quelle con tutti ingredienti buoni, reali e nutrienti che fanno sentire la tua pelle in modo fantastico.

Dove puoi trovarla? Fortunatamente, non devi fare un viaggio fino alla fine dell'arcobaleno per trovare la tua pentola d'oro di crema viso naturale. Molte marche si stanno impegnando per produrre creme viso più naturali e sostenibili. Puoi trovarle nei negozi di cosmetici biologici, nelle erboristerie, online o, per i più avventurosi, puoi addirittura fare la tua crema fai-da-te!

E perché è così importante?
Perché la tua pelle merita di essere amata con prodotti che rispettano sia la tua salute che l'ambiente.

ECO PUNTI

/ 1

17 SPAZZOLINO IN BAMBÙ

È un comune spazzolino da denti, ma con il manico fatto interamente di bambù, un materiale completamente biodegradabile. A differenza degli spazzolini tradizionali di plastica, che **possono impiegare secoli per decomporsi**, gli spazzolini di bambù sono eco-friendly e non appesantiscono la nostra cara Madre Terra.

Ma dove puoi trovare questo fantastico oggetto? Beh, la risposta è semplice: **ovunque!** Ci sono molti negozi online che li vendono e potresti anche trovarli nel tuo negozio di articoli per la casa di fiducia. Non dimenticare di controllare che le setole siano anch'esse biodegradabili!

Non sei ancora convintə? Ecco un'altra opzione: gli **spazzolini con testina intercambiabile**. Sono pratici e comodi, perché quando le setole si usurano, non devi buttare l'intero spazzolino, ma **solo la testina**. Chiaramente ciò riduce la quantità di rifiuti generati e ti permette di mantenere l'igiene orale sempre al top!

ECO PUNTI

/ 1

18 PROFUMO SOLIDO

Ti è mai capitatə di essere annoiatə e non saper cosa fare durante la giornata? Ecco una piccola attività che potresti fare anche con i tuoi bambini in casa. Un profumo solido!

Questi piccoli gioielli profumati sono pratici da portare in giro, completamente naturali e personalizzati in base al tuo gusto. E la cosa migliore? Puoi farli da solə in pochi semplici passi! Ecco come:

1. Scegli gli Oli Essenziali:
Daranno la fragranza al tuo profumo. Puoi optare per note legnose, floreali, agrumate o qualsiasi altra combinazione che ami.

2. Preparazione della base:
Avrai bisogno di cera d'api e olio di jojoba o mandorle dolci come base. Questi ingredienti rendono il profumo solido e al tempo stesso facilmente spalmabili.

3. Sciogliere la cera:
In un pentolino, sciogli lentamente la cera d'api a bagnomaria. Assicurati che sia completamente fusa prima di procedere.

4. Aggiungi l'Olio:

Una volta sciolta la cera, aggiungi lentamente l'olio di jojoba o mandorle dolci nel pentolino, mescolando bene.

5. Incorpora gli Oli Essenziali:

Togli il pentolino dal fuoco e versaci gli oli essenziali. Mescola bene per assicurarti che si distribuiscano uniformemente.

6. Versa la miscela:

Mentre è ancora liquida, versa la miscela in piccoli contenitori o barattoli.

7. Lascia raffreddare:

Posiziona i contenitori in un luogo fresco per far raffreddare e solidificare il profumo. Questo passaggio potrebbe richiedere alcune ore.

8. Prova il tuo profumo:

Una volta solidificato, prova il tuo profumo solido applicandolo due gocce sul polso o dietro le orecchie.

Congratulazioni! Hai appena creato il tuo profumo solido! Ora, non solo hai un prodotto unico e personalizzato, ma hai anche appreso una nuova abilità. Goditi la tua fragranza ogni giorno!

ECO PUNTI

/ 1

Adesso, so che potresti storcere il naso: "Un cotton fioc... riutilizzabile? In che senso?".

Iniziamo col dire che i classici cotton fioc, quelli con l'asta in plastica e le punte in cotone, non sono per nulla amici dell'ambiente.

Lo sapevi che **non devi gettarli nel WC?** Già, perché finiscono nei nostri mari e indovina un po'? I nostri amici pesci li confondono con il cibo. Il risultato è un danno notevole alla fauna marina e all'ambiente in generale.

Ecco quindi che arriva in nostro soccorso il cotton fioc riutilizzabile! Questo piccolo genio ha un manico duraturo e delle punte in silicone morbido che **possono essere pulite e riutilizzate**.

Dove trovarli? Nei negozi bio, nei supermercati con un reparto dedicato ai prodotti green e online. Esistono di vari tipi e colori, quindi potrai scegliere quello che preferisci!

ECO PUNTI

/ 1

20 DENTIFRICIO IN PASTIGLIE

Come funziona?

È molto semplice: prendi una pastiglia, la metti in bocca, la mastichi un po' (senza ingoiarla!) e poi ti lavi i denti come al solito! Facile, no?

Ma, aspetta un attimo, perché è così sostenibile? Be', è abbastanza semplice: prima di tutto, le pastiglie di dentifricio sono **super leggere e compatte**, il che significa che richiedono meno imballaggio. E sai cosa significa meno imballaggio, vero? Meno rifiuti, e quindi meno inquinamento.

Inoltre, poiché non contengono acqua (a differenza del dentifricio tradizionale), le pastiglie di dentifricio riducono l'impatto ambientale durante il trasporto, perché costituiscono un carico più leggero e questo significa **meno emissioni di Co2.**

Le pastiglie di dentifricio sono spesso realizzate con ingredienti naturali, ciò significa che stai mettendo **meno sostanze chimiche** nella tua bocca e nell'ambiente.

ECO PUNTI

/ 1

21 L'AMICO DEI TUOI CAPELLI

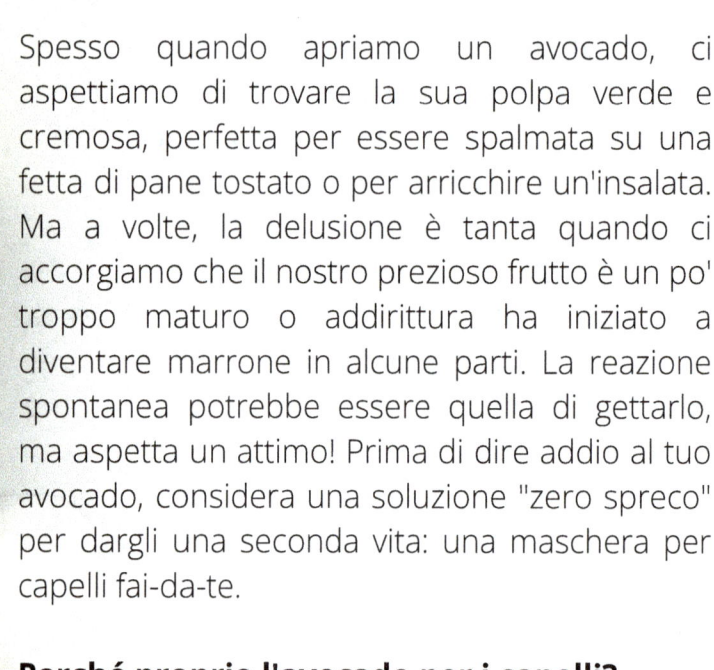

Spesso quando apriamo un avocado, ci aspettiamo di trovare la sua polpa verde e cremosa, perfetta per essere spalmata su una fetta di pane tostato o per arricchire un'insalata. Ma a volte, la delusione è tanta quando ci accorgiamo che il nostro prezioso frutto è un po' troppo maturo o addirittura ha iniziato a diventare marrone in alcune parti. La reazione spontanea potrebbe essere quella di gettarlo, ma aspetta un attimo! Prima di dire addio al tuo avocado, considera una soluzione "zero spreco" per dargli una seconda vita: una maschera per capelli fai-da-te.

Perché proprio l'avocado per i capelli?
La polpa dell'avocado è ricca di vitamine come la E e la B, che sono fondamentali per rafforzare e nutrire i capelli. Inoltre, contiene minerali essenziali e antiossidanti che aiutano a proteggere il cuoio capelluto, oltre ad acidi grassi che idratano profondamente i capelli, rendendoli morbidi e lucenti.

Cosa ti serve:
1. 1 avocado maturo (anche se un po' andato a male, basta eliminare le parti davvero marce);
2. 2 cucchiai di olio d'oliva o di cocco (per un'extra idratazione);
3. Una forchetta o un frullatore.

Procedimento:

1. Prendi l'avocado e rimuovi la buccia e il nocciolo. Se ha delle parti marroni, puoi semplicemente eliminarle e utilizzare la polpa verde rimasta.

2. In una ciotola, schiaccia l'avocado con una forchetta fino a ottenere una purea liscia. Per una consistenza ancora più cremosa, puoi utilizzare un frullatore.

3. Aggiungi l'olio scelto e mescola fino a ottenere un composto omogeneo.

4. Applica la maschera sui capelli umidi, concentrandoti sulle lunghezze e sulle punte. Lascia in posa per almeno 20 minuti.

5. Risciacqua con acqua tiepida e poi procedi con il tuo shampoo abituale.

Dopo questo trattamento, i tuoi capelli appariranno rivitalizzati, morbidi e nutriti, il tutto grazie a un avocado che altrimenti avresti buttato! Ecco un esempio perfetto di come uno stile di vita sostenibile e "zero spreco" possa tradursi in **piccoli gesti quotidiani che fanno la differenza,** sia per l'ambiente che per la tua bellezza. E la prossima volta che ti troverai davanti a un avocado non perfetto, saprai esattamente come trasformarlo in un alleato di bellezza!

ECO PUNTI

/ 1

22 IL TUO SCRUB NATURALE

Quante volte hai preparato il tuo caffè mattutino e poi hai gettato via il caffè macinato usato senza pensarci due volte? Bene, potresti sorprenderti nel sapere che quei fondi di caffè che getti via hanno in realtà delle fantastiche proprietà esfolianti e possono essere trasformati in un eccellente scrub per la pelle. Ecco come:

Benefici dello scrub al caffè:

1. **Esfoliazione naturale:** Il caffè macinato è un esfoliante naturale che rimuove le cellule morte della pelle, lasciandola liscia e rinnovata.
2. **Stimolazione della circolazione:** La caffeina aiuta a stimolare la circolazione sanguigna, che può aiutare a ridurre l'impatto della cellulite.
3. **Antiossidanti:** Il caffè è ricco di antiossidanti che aiutano a proteggere la pelle dai danni dei radicali liberi.
4. **Effetto rassodante:** La caffeina ha proprietà tonificanti che possono aiutare a rassodare la pelle.

Ingredienti:

1. Fondi di caffè usati (quelli del mattino andranno benissimo!);
2. Un po' di olio d'oliva o di cocco;

3. Zucchero (opzionale, per una maggiore esfoliazione).

Procedimento:

1. Prendi i fondi di caffè e mettili in una ciotola.
2. Aggiungi l'olio scelto in modo da ottenere una consistenza simile a quella di una pasta. L'olio aiuterà anche a idratare la pelle.
3. Se desideri un effetto esfoliante extra, puoi aggiungere un po' di zucchero.
4. Mescola bene tutti gli ingredienti.
5. Durante la doccia, prendi una manciata di scrub e massaggia sulla pelle con movimenti circolari. Concentrati sulle aree che necessitano di una maggiore esfoliazione, come ginocchia, gomiti e cosce.
6. Risciacqua bene e goditi la sensazione di una pelle morbida e rivitalizzata!

Conservazione: Puoi conservare lo scrub avanzato in un barattolo di vetro con coperchio in frigorifero per circa una settimana
.

Quindi, la prossima volta che prepari il tuo caffè, pensaci bene a gettare via quei preziosi fondi di caffè. Trasformali in un lussuoso scrub fai-da-te e goditi un momento di coccole per la tua pelle, il tutto mentre contribuisci a uno stile di vita più sostenibile e "zero spreco"!

ECO PUNTI

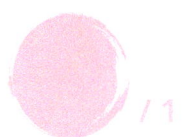
/ 1

23 SAPONE SOLIDO

Hai mai pensato a quanto plastica usiamo ogni volta che ci laviamo le mani o facciamo una doccia? Bottiglie di shampoo, boccette di bagnoschiuma, dispenser di sapone... è un bel po', no? E se ti dicessi che **c'è un modo per ridurre notevolmente questo consumo di plastica?** Ebbene sì, c'è! Sto parlando del sapone solido per il corpo.

Il sapone solido, al contrario dei suoi omologhi liquidi, viene spesso venduto in carta riciclata o avvolto in carta da imballaggio biodegradabile. Meno plastica da buttare via e un bagno che diventa un po' più eco-friendly.

Inoltre, dura di più. Pensa a quante volte hai dovuto buttare via una bottiglia di gel doccia perché era quasi finita ma non riuscivi a far uscire quelle ultime due gocce. Con il sapone solido, questo problema non esiste. Lo usi fino all'ultima saponetta e poi... finito! Niente sprechi.

Ce ne è un'ampia varietà di profumi, proprio come il gel doccia. Quindi non dovrai rinunciare all'aroma di lavanda o a quella nota di agrumi che ami tanto!

ECO PUNTI

/ 1

VIAGGIA

Immagino tu stia già pensando alla tua prossima grande avventura, vero? Senti il richiamo della strada, le spiagge esotiche, le montagne maestose, o forse la frenesia delle città cosmopolite. Ah, i viaggi... Ma aspetta un attimo. **Hai mai pensato a come i tuoi viaggi influenzano** il nostro meraviglioso pianeta?

SOSTENIBILE

Ti dirò una cosa. Esiste un modo per esplorare il mondo, vivere nuove esperienze e, allo stesso tempo essere sostenibili.
Sì, esatto! Puoi diventare un viaggiatore eco-friendly.
È semplice, facile e incredibilmente gratificante.
Scopri come nelle prossime pagine di questo libro!

Immagina di poter partire per un'avventura, conoscere nuove culture, esplorare paesaggi incantevoli, il tutto senza lasciare impronte ecologiche negative. Sembra troppo bello per essere vero? Eppure, con "**Be Kind Around The World"** tutto questo è già realtà!

Quando parti con Be Kind, non sei solo un turista, ma diventi parte di un movimento globale di **viaggiatori attenti e rispettosi dell'ambiente.** Il nostro Team organizza molto più di semplici viaggi, siamo gli esperti dei "Viaggi Gentili". Ogni Tour e attività è curato nei minimi dettagli, con un **coordinatore sempre a disposizione**, pronto ad guidarti in esperienze autentiche e sostenibili.

Ma cosa li rende così speciali? Ogni partenza è bilanciata per compensare le emissioni di CO_2 prodotte durante il viaggio. Come fanno? Piantano alberi! Per ogni viaggio prenotato, Be Kind **pianta un numero di alberi corrispondente alle emissioni prodotte**. Geniale, no?

Ma non finisce qui. Durante il tour, verranno effettuate donazioni a enti e associazioni locali per supportare la comunità che ti ospita.

Inoltre, avrai l'opportunità di partecipare a attività come **yoga, kayak e trekking, tutte volte a promuovere un atteggiamento di gentilezza verso sé stessi e la natura.**

Un viaggio con "Be Kind Around The World" non è solo un'avventura, ma un'opportunità per fare la differenza e contribuire attivamente alla salute del nostro pianeta. Che ne dici, sei prontə per unirti a noi?

• Visita il sito www.be-kind.it, scopri tutte le destinazioni e attività dell'anno ed invita i tuoi amici!

ECO PUNTI

 / 1

Sai quando stai cercando di chiudere la valigia e sembra che tu stia cercando di domare una belva selvaggia? Eh già, tutti noi abbiamo vissuto quel momento in cui sembra che ogni centimetro cubico di spazio sia prezioso. Ma ti dirò una cosa, viaggiare leggero non solo ti risparmia la lotta con la valigia, ma è anche un gesto gentile verso il nostro pianeta!

Prima di tutto, c'è un detto tra i viaggiatori esperti: "Porta la metà dei vestiti e il doppio dei soldi". Questo non significa che devi svuotare il tuo conto in banca, ma è il promemoria che ti ricorda che non hai bisogno di portare il tuo intero guardaroba in viaggio. **Scegli vestiti che puoi mixare e abbinare, così avrai un sacco di outfit con solo pochi pezzi.** E ricorda, quasi ovunque tu vada, ci saranno lavanderie!

Quando prepari la valigia, rispetta la regola del "roll 'em up". Invece di piegare i tuoi vestiti, **arrotolali.**

Non solo risparmierai spazio, ma **ridurrai anche le pieghe**. In più, metti le scarpe in sacchetti di plastica riutilizzabili per proteggere i tuoi vestiti.

Ricorda anche che viaggiare leggero non significa solo avere meno bagagli da gestire, ma anche **meno peso per l'aeroplano da sollevare.** Questo si traduce in meno carburante consumato e meno emissioni di CO_2.

Inoltre, spesso le compagnie aeree fanno pagare extra per le valigie in stiva, quindi, facendo attenzione a quello che metti nella valigia, potresti risparmiare un po' di soldini! Infine, porta con te solo i liquidi di cui hai realmente bisogno, e ricorda, devono essere inferiori a 100ml se viaggi con il bagaglio a mano!

Adesso, dimmi un po', stai già pensando a quello che porterai nella tua prossima avventura?

ECO PUNTI

/ 1

26 ALLOGGIO SOSTENIBILE

Chi ha detto che trovare un alloggio sostenibile è come cercare un ago in un pagliaio? Ti prometto che alla fine di questo capitolo non ti sembrerà più così difficile! Ho qualche trucco nel taschino che ti sarà di grande aiuto.

Innanzitutto, avvicinati al mondo degli ostelli. Non sono più solo per gli zaini in spalla o per i viaggiatori con budget ridotto. Molti ostelli sono diventati super cool e **super green**, attenti a limitare il loro impatto ambientale e a sostenere le comunità locali. E spesso offrono camere private, quindi non devi preoccuparti di russare davanti ad estranei!

Per trovare l'alloggio giusto, ci sono un sacco di piattaforme online che puoi utilizzare. Alcune di queste, come Booking.com, permettono di filtrare i risultati per sostenibilità. Quindi, prima di prenotare quel bellissimo hotel vista mare, controlla se ha una certificazione ambientale. Le certificazioni come Green Globe, EarthCheck o LEED sono buoni indicatori che aiutano a scegliere un posto che si preoccupa per il nostro amato pianeta.

E non dimenticare che prenotare direttamente con l'alloggio può spesso farti risparmiare denaro. Le strutture pagano commissioni alle piattaforme di prenotazione, quindi potresti trovare tariffe più convenienti contattandoli direttamente. E a proposito di risparmiare, non dimenticare che molti bed and breakfast, agriturismi e case vacanze offrono un'esperienza più autentica e spesso più sostenibile degli hotel tradizionali.

Ora, raccontami un po', qual è il tuo prossimo viaggio? Stai già pensando a quale alloggio sostenibile scegliere?

Volare non è l'opzione più Green di viaggio. Tuttavia, a volte è inevitabile. Forse hai una riunione di lavoro dall'altra parte del mondo o semplicemente non puoi resistere al richiamo delle spiagge esotiche. E va bene!

Però, sai una cosa? Ci sono compagnie aeree là fuori che stanno lavorando duro per ridurre il loro impatto ambientale. Si, esattamente, come stai pensando tu! Compagnie aeree sostenibili!

Ad esempio, c'è KLM, che ha un programma di biocarburanti e ha persino collaborato con l'Università Tecnica di Delft per sviluppare un aereo più efficiente dal punto di vista energetico. Poi c'è Qantas, che ha effettuato il primo volo al mondo **alimentato da rifiuti riciclati**, e EasyJet, che si sta impegnando per diventare la compagnia aerea con emissioni di carbonio zero. Non male, eh?

Ora, non fraintendermi. Queste compagnie non sono ancora perfette. Ma stanno facendo dei passi nella giusta direzione e vale la pena supportarle quando possibile.

E tu, hai già volato con una di queste compagnie aeree sostenibili?
O magari hai in mente di farlo per il tuo prossimo viaggio?

ECO PUNTI

/ 1

28 DESTINAZIONI ECO

Alcune destinazioni stanno davvero spingendo il pedale dell'eco-sostenibilità e ciò le rende luoghi perfetti per il tuo prossimo viaggio green.

Costa Rica: Questo piccolo paradiso tropicale si è posto l'obiettivo di diventare il primo paese carbon neutral entro il 2021. E non solo, il 25% del suo territorio è composto da parchi nazionali e aree protette. Immagina quante avventure ti aspettano là!

Copenaghen: E' stata nominata più volte la città più eco-friendly d'Europa. Con le sue piste ciclabili, le sue politiche green e i suoi edifici sostenibili, è una meta ideale per chi cerca una vacanza urbana, ma rispettosa del pianeta.

Vancouver, in Canada, che si sta impegnando per diventare la città più verde del mondo entro il 2020. Quindi, se ti piace l'idea di esplorare montagne, foreste e una città vivace, tutto in un colpo solo, Vancouver potrebbe essere la tua prossima fermata.

Queste sono solo alcune delle tante destinazioni sostenibili là fuori!

ECO PUNTI   Hai già qualche meta nella tua lista dei desideri?

 / 1

29 RISPETTA LA NATURA

Ah, la tentazione di portare a casa un pezzettino di quel posto magico che abbiamo visitato... lo so, è forte. Una conchiglia raccolta in quella spiaggia caraibica, un sasso levigato dal fiume di montagna, un fiore delicato da quel prato fiabesco... sembrano ricordi innocenti. Eppure, queste piccole azioni possono avere conseguenze enormi.

Immagina: ogni anno milioni di turisti visitano le spiagge, se ognuno di noi portasse via una conchiglia, presto non ce ne sarebbero più.

E non solo, quelle conchiglie fanno parte dell'ecosistema, ospitano microorganismi utili alla spiaggia, contribuiscono alla formazione della sabbia... in pratica, sono indispensabili!

Lo stesso vale per i fiori, le pietre, le piante... ogni elemento della natura ha una funzione, un **ruolo nell'equilibrio dell'ambiente.**

Se lo spostiamo, se lo portiamo via, alteriamo quell'equilibrio. E poi, ammettiamolo, quel fiore è molto più bello nel suo prato, sotto il sole, che appassito in un libro, no?

Inoltre, potremmo involontariamente portare a casa parassiti o malattie che potrebbero danneggiare la natura della nostra città. Quelle coccinelle asiatiche che oggi infestano i nostri parchi? Sono arrivate proprio così, portate inconsapevolmente dai turisti.

Quindi, la prossima volta che ti trovi in un posto incantevole, ricorda: la bellezza di quel luogo risiede proprio nella sua integrità. Lascia che rimanga così per le generazioni future.

Fotografa con gli occhi, conserva nel cuore... e nella SD della tua fotocamera, ovviamente! Porta con te solo i ricordi e l'esperienza.

Così, non sarai solo un turista, ma un vero viaggiatore sostenibile.

ECO PUNTI

 / 2

TRASPORTO INNOVATIVO

Hai presente la Svizzera? Quel paese famoso per le sue montagne mozzafiato, gli orologi puntualissimi e il cioccolato che fa sognare? Bene, adesso aggiungi alla lista una nuova specialità: binari ferroviari che... producono energia solare! Eh sì, ci avresti mai pensato?

Allora, mettiamola così: sai quelle giornate estive quando i marciapiedi sono talmente caldi da poter cuocere un uovo? La Svizzera ha pensato: "Ehi, e se usassimo questa calura a nostro favore?" E così è nata l'idea di utilizzare l'energia solare in ambito ferroviario.

Non solo i tetti delle case o le autostrade, ma proprio quei binari su cui sfrecciano i treni stanno diventando delle vere e proprie centrali solari!

Immagina una lunga distesa di binari baciata dal sole, equipaggiata con pannelli solari che catturano ogni raggio e lo trasformano in energia. Una risorsa rinnovabile, pulita e assolutamente geniale. E la cosa bella?

La Svizzera ha dimostrato che i pannelli solari possono davvero adattarsi ovunque, persino sui muri delle dighe o lungo i fiumi.

Chissà, magari un giorno potremmo vedere pannelli solari anche sulle vetture dei treni. Non sarebbe figo?

E ora la parte interattiva: prendi il tuo smartphone, cerca online questi binari svizzeri e guarda con i tuoi occhi cosa sta succedendo. Potresti rimanere sorpreso di quanto la Svizzera stia innovando in questo campo.

E magari la prossima volta che prenderai un treno, mentre ti godi il panorama, penserai a quanto sarebbe bello se ogni paese adottasse questa splendida idea. La Svizzera ci ha dato il cioccolato, l'orologeria e ora... l'energia solare sulle ferrovie!

La Svizzera non smette mai di stupirci. Spero che questo piccolo viaggio nel mondo dell'energia solare ti abbia illuminato.

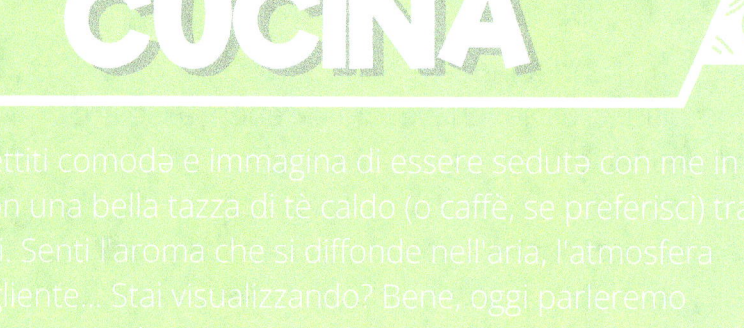

CUCINA

È ora mettiti comoda e immagina di essere seduta con me in cucina, con una bella tazza di tè caldo (o caffè, se preferisci) tra le mani. Senti l'aroma che si diffonde nell'aria, l'atmosfera accogliente... Stai visualizzando? Bene, oggi parleremo proprio di questo luogo magico, la cucina.

SOSTENIBILE

Perché, ammettiamolo, è uno dei luoghi più amati della casa.
**Qui si riunisce la famiglia, si preparano piatti squisiti, si
condividono momenti speciali.** Troverai anche alcune ricette!
Ti invito a seguire anche il nostro Blog su
www.bekindcattolica.it per altri consigli!

Ti piace il cibo, vero? A chi non piace? Ma sai una cosa? Il cibo può avere un impatto gigantesco sul nostro pianeta, e non sempre nel modo migliore. Ma non preoccuparti, non ti sto dicendo di smettere di mangiare! Voglio solo condividere con te qualche trucco per rendere la tua cucina un po' più verde.

Prima di tutto, parliamo di dove fare acquisti. Sai cosa significa **"km 0"**? Purtroppo non è una dieta che fa miracoli! È un modo fantastico per ridurre l'impatto ambientale del tuo cibo. In sostanza, "km 0" significa comprare **cibo che è stato coltivato o prodotto localmente.** Questo riduce la quantità di CO_2 prodotta per trasportare gli alimenti da lontano. Il cibo locale ha spesso un sapore migliore perché è più fresco!

Un altro ottimo trucco è comprare prodotti di stagione. Quando compri la frutta o verdura che non è di stagione, c'è una grande possibilità che venga da molto lontano, o che sia stata coltivato in serre energetiche. Entrambi questi metodi aumentano la carbon footprint del cibo.

Quindi, la prossima volta che vai al mercato, perché non provi a scegliere frutta e verdura che sono di stagione?

Infine, parliamo di sprechi alimentari. Ogni anno vengono sprecate tonnellate di cibo. E non solo nei ristoranti o nei supermercati, ma anche nelle nostre case! Quindi, prova a pianificare i tuoi pasti in anticipo e compra solo quello che sai che mangerai. Se ti avanza, sperimenta in cucina! I resti possono diventare una fantastica zuppa o un piatto di pasta.

Ora, è il momento della sfida! La prossima volta che fai la spesa, prova a mettere in pratica almeno uno di questi suggerimenti.

E non dimenticare di aggiungere qualche punto in più al tuo contatore della carbon footprint per ogni scelta sostenibile che fai in cucina! Prontə a diventare un cuoco eco-friendly?

GENNAIO	FEBBRAIO	MARZO	APRILE	MAGGIO	GIUGNO

FRUTTA

VERDURA

LUGLIO	AGOSTO	SETTEMBRE	OTTOBRE	NOVEMBRE	DICEMBRE

FRUTTA

VERDURA

ELENCO COMPLETO

Questo è un elenco generico, e la disponibilità di alcuni prodotti può variare leggermente in base alle zone e alle specifiche annate.

Gennaio:
Frutta: Mele, arance, mandarini, limoni, kiwi, cachi, pera. *Verdura*: Cavoli, broccoli, carote, cipolle, finocchi, lattuga, spinaci, topinambur, rape.

Febbraio:
Frutta: Mele, arance, mandarini, limoni, kiwi.
Verdura: Cavoli, carote, cipolle, finocchi, spinaci, topinambur, rape.

Marzo:
Frutta: Mele, arance, kiwi, fragole, limoni.
Verdura: Carciofi, broccoli, cipolle, spinaci, piselli, lattuga, cavolfiore, asparagi.

Aprile:
Frutta: Mele, fragole, kiwi, limoni.
Verdura: Carciofi, cipolle, spinaci, piselli, lattuga, asparagi, barbabietole.

Maggio:
Frutta: Fragole, ciliegie, limoni, albicocche.
Verdura: Carciofi, spinaci, piselli, lattuga, asparagi, fave, zucchine, peperoni.

Giugno:
Frutta: Ciliegie, fragole, albicocche, pesche, meloni, lamponi.
Verdura: Zucchine, peperoni, fave, piselli, cetrioli, pomodori.

Luglio:
Frutta: Ciliegie, albicocche, pesche, prugne, meloni, angurie, more.
Verdura: Lattuga, zucchine, peperoni, cetrioli, pomodori, melanzane, fagiolini.

Agosto:
Frutta: Pesche, prugne, more, fichi, uva, meloni, angurie.
Verdura: Lattuga, zucchine, peperoni, cetrioli, pomodori, melanzane, fagiolini.

Settembre:
Frutta: Uva, fichi, mele, pere, prugne, kiwi.
Verdura: Spinaci, lattuga, zucchine, peperoni, pomodori, melanzane, fagiolini, zucca.

Ottobre:
Frutta: Uva, mele, pere, kiwi, melograni.
Verdura: Spinaci, lattuga, radicchio, broccoli, cavoli, zucca, porri.

Novembre:
Frutta: Mele, pere, cachi, arance, kiwi, melograni.
Verdura: Spinaci, radicchio, broccoli, cavoli, zucca, carciofi, porri.

Dicembre:
Frutta: Mele, pere, cachi, arance, mandarini, limoni, kiwi.
Verdura: Spinaci, radicchio, broccoli, cavoli, carciofi, porri, finocchi.

Immagino che tu stia già sorseggiando quella tazza di tè (o caffè) di cui parlavamo prima. Oggi cominciamo la nostra avventura green in cucina, affrontando il primo punto della nostra lista: scegliere gli elettrodomestici con cura.

Ora, immagino che tu stia pensando: "Ma **perché dovremmo preoccuparci degli elettrodomestici?** Non basta semplicemente accenderli e usarli?" Bene, la risposta è no. Ogni elettrodomestico che utilizzi in casa tua, dalla lavastoviglie al forno, dalla lavatrice al frigorifero, ha un impatto sull'ambiente. Sì, lo so, è un po' triste pensare che il nostro fidato frigorifero potrebbe in realtà essere un piccolo criminale ambientale, ma non preoccuparti, ci sono buone notizie!

La buona notizia è che possiamo fare scelte più sostenibili quando si tratta di elettrodomestici. Possiamo optare per modelli ad alta efficienza energetica. **Quelli con tutte le belle "A" sull'etichetta energetica.** Questi modelli utilizzano meno energia per svolgere le stesse funzioni, il che significa che **stiamo riducendo la nostra impronta di carbonio.**

Ma non è tutto. Possiamo anche fare scelte più sostenibili nel modo in cui usiamo gli elettrodomestici. Ad esempio, **possiamo utilizzare la lavastoviglie solo quando è completamente piena**, oppure possiamo impostare il frigorifero a una temperatura moderata per **evitare che lavori troppo e consumi troppa energia.**

Ora, ho una domanda per te: stai già utilizzando elettrodomestici ad alta efficienza energetica? O forse stai pensando di farlo nel prossimo futuri? Ogni volta che fai una scelta green, anche se sembra piccola, stai contribuendo a fare la differenza.

Cosa ne dici di dare un'occhiata ai tuoi elettrodomestici? Chissà, forse è il momento di fare qualche cambiamento! E fa che questo cambiamento sia indirizzato ad un pianeta più verde e più felice. Quindi scegli con cura, e goditi la tua avventura green in cucina!

ECO PUNTI

/ 2

Ecco qua, ci risiamo! Prima di tutto, chapeau per aver riflettuto sull'efficienza energetica dei tuoi elettrodomestici. Ora, mettiamoci comodi e affrontiamo un argomento un po' spinoso: la plastica. Oh, la plastica! È ovunque. Dal nostro spazzolino da denti a quei sacchetti di patatine che adoriamo (sì, lo so, anche io sono colpevole).

La plastica è un po' come quel vecchio amico che continua a venirti a trovare anche quando non lo vuoi intorno. Non va via facilmente. Infatti, la maggior parte della plastica che abbiamo prodotto finora è ancora in giro da qualche parte, nelle discariche, negli oceani, e anche nella pancia di alcuni poveri animali. Inutile dire che non è una gran cosa per l'ambiente.

Ma c'è una buona notizia! Possiamo fare qualcosa al riguardo. Possiamo dire addio alla plastica, o almeno **cercare di ridurre il suo utilizzo.** Come? Le alternative non mancano. Ad esempio, puoi usare una **borraccia** invece di acquistare bottiglie di acqua in plastica, oppure puoi portare con te una **borsa di stoffa** quando vai a fare la spesa, invece di utilizzare i sacchetti di plastica del supermercato.

E che dire della cucina? Sai, anche lì possiamo fare la nostra parte. Ad esempio, possiamo optare per **contenitori di vetro o di acciaio inox per conservare il cibo**, invece di quelli in plastica. E, perché no, possiamo anche provare a **fare il pane o lo yogurt in casa**, invece di comprarli confezionati in plastica.

Stai già provando a ridurre il tuo utilizzo di plastica? O forse hai in mente di farlo? Ogni piccolo passo ti porta più vicino al traguardo! Aggiungi un punto alla tua carbon footprint ogni volta che fai una scelta green.

Spero che queste piccole idee ti aiutino a dire addio alla plastica. È un compito difficile ma tutti dobbiamo contribuire! Quindi, facciamo la nostra parte e rendiamo il mondo un po' più verde, un pezzo di plastica alla volta!

ECO PUNTI

/ 2

Stavolta, parliamo di qualcosa di molto vicino al nostro cuore (e allo stomaco) - il cibo. Sì, quei deliziosi manicaretti che adoriamo. Ma hai mai pensato a quanto cibo viene sprecato ogni giorno?

Che tu ci creda o meno, secondo le stime, circa un terzo del cibo prodotto a livello globale viene sprecato. È come se ogni volta che vai a fare la spesa, lasciassi un terzo dei tuoi acquisti nel parcheggio del supermercato.

Ma non temere, perché possiamo fare qualcosa per cambiare questa situazione. Innanzitutto, possiamo fare acquisti in modo più consapevole. Ad esempio, **cerca di pianificare i tuoi pasti e fai una lista della spesa**. Questo può aiutarti a evitare di comprare più cibo di quanto tu possa effettivamente consumare.

E poi, c'è una vera e propria gemma che voglio condividere con te: l'app **To Good To Go.** Ne hai mai sentito parlare? È un'app fantastica che collega i bar e i ristoranti locali con le persone, permettendoci di "salvare" cibo delizioso che altrimenti sarebbe stato sprecato.
Non solo risparmi denaro, ma aiuti anche a ridurre gli sprechi alimentari. Win-win, no?

ECO PUNTI

/1

CONSERVA GLI ALIMENTI

Non proveremo ad imbalsamare una mummia, ma a preservare le delizie che prepariamo o acquistiamo, così da gustarle al meglio anche dopo qualche giorno. E non solo: conservando bene, si evitano sprechi!

Primo trucco: conosci le **lunch box?** Sono perfetti per conservare le porzioni di cibo, dal pranzo fatto in casa alle rimanenze della cena di ieri. Immagina di avere una bella insalata pronta per il lavoro di domani, o quel risotto che hai fatto in abbondanza e non vuoi sprecare. Ora, non tutti i lunch box sono uguali. Cerca quelli in vetro o in materiali sostenibili, che non solo mantengono il cibo fresco, ma sono anche amici dell'ambiente!

E quando fai la spesa, controlla sempre la data di scadenza e organizza il frigo in modo da consumare prima ciò che scade. Piccolo segreto, **certe verdure amano stare nell'oscurità della dispensa piuttosto che nel frigo.** Infine, per gli amanti delle marmellate, sottaceti e conserve: immergetevi nel mondo delle conserve fatte in casa!

È un modo fantastico per **godersi i sapori della stagione** anche quando non sono più di stagione.

ECO PUNTI / 1

Ti è mai capitatə di entrare in un supermercato, essere ipnotizzato dalle luci brillanti e dalle offerte speciali, e uscire con un carrello pieno di cose che non sapevi nemmeno di volere? O peggio ancora, dimenticare quello che ti serviva davvero? Dai, confessalo, tutti ci siamo passati! Ma adesso ti voglio raccontare un piccolo trucco che ti cambierà la vita. Beh, almeno la vita della tua spesa.

Prima di avventurarti nel magico mondo dei supermercati, fai una pausa. Respira profondamente e pensa a quello che ti serve davvero. Fare una lista della spesa non solo ti aiuta a risparmiare tempo e denaro, ma riduce anche gli sprechi di cibo.

Ma non fermarti solo alla lista. Prima di scrivere, dai un'occhiata a ciò che hai già. Eviterai di acquistare doppioni e penserai a come utilizzare ciò che hai prima che vada a male.

E, piccolo consiglio tra amici: evita di fare la spesa quando hai fame. Quella torta avrà meno potere su di te!

E ora ti senti prontə a fare un giro
al supermercato con un piano solido? **ECO PUNTI**

37 CHIPS DI CAROTE

Sono un'ottima soluzione per evitare sprechi e ottenere un snack sano e gustoso! Troverai anche il **video Tutorial** sul nostro Canale YouTube "Be Kind Community".

INGREDIENTI:

- La parte esterna e le estremità delle carote
- Olio d'oliva
- Sale e spezie a piacere (ad esempio, pepe nero, rosmarino, paprika)

PREPARAZIONE:

1. Preriscaldare il forno a 200°C.
2. Tagliare le parti esterne e le estremità delle carote in fette sottili o bastoncini.
3. Mettere le carote in una ciotola e condirle con un po' d'olio d'oliva, sale e spezie a piacere.
4. Disporre le carote su una teglia foderata con carta da forno e infornare per 20-25 minuti o fino a che siano croccanti.
5. Sfornare e lasciar raffreddare. Le chips di carote sono pronte per essere gustate!

Questa è un'ottima soluzione per utilizzare gli scarti delle carote in modo creativo e sostenibile, evitando di gettarli via.

ECO PUNTI

38 PANNO IN CERA

I panni in cera di soia sono un'alternativa ecologica e riutilizzabile se paragonati ai prodotti per la conservazione degli alimenti, come pellicole per alimenti e sacchetti per il sottovuoto. Scopri come realizzarlo utilizzando ingredienti naturali.

INGREDIENTI:
- 100 g di cera di soia
- Tessuto di cotone organico

PREPARAZIONE:
1. Fondere la cera di soia a bagnomaria o nel microonde.
2. Immergere il tessuto di cotone organico nella miscela di cera, assicurandosi che sia completamente coperto.
3. Stendere il tessuto su una superficie piana e lasciarlo raffreddare completamente.
4. Tagliare il tessuto in pezzi dalle dimensioni desiderate.

I panni sono riutilizzabili e possono essere puliti semplicemente con acqua e sapone.
*Puoi anche acquistarli pronti.

ECO PUNTI

/ 1

39 CROSTONE DI PANE RAFFERMO CON VERDURE

Chi non ha mai lasciato indietro qualche fetta di pane che, giorno dopo giorno, ha perso la sua freschezza? Ti presento una ricetta gustosa e creativa per riportare in vita il tuo pane raffermo. Direttamente dalla mia cucina, i "Crostoni di pane raffermo con verdure". Cucinare con zero sprechi è un'arte e oggi sei tu l'artista!

INGREDIENTI:

- Fette di pane raffermo (quante ne hai!)
- Un misto di verdure a tua scelta (ad esempio zucchine, melanzane, peperoni)
- Olio d'oliva
- Sale
- Pepe
- Aglio
- Erbe aromatiche (rosmarino, origano, prezzemolo, quello che hai!)

PREPARAZIONE:

1. Inizia tagliando a cubetti o a listarelle le tue verdure. Scegli le verdure che preferisci o quelle che hai in frigo, l'importante è non sprecare!

2. Scalda un filo d'olio in una padella e aggiungi uno spicchio d'aglio. Quando l'aglio diventa dorato, aggiungi le verdure, un pizzico di sale e pepe e le erbe aromatiche. Lascia cuocere le verdure fino a quando non sono belle tenere.

3. Nel frattempo, prendi le fette di pane raffermo e tostale nel forno o in una padella antiaderente, fino a quando non diventano dorate e croccanti.

4. Quando le verdure sono pronte, toglile dal fuoco e lasciale raffreddare un po'.

5. Distribuisci le verdure sulle fette di pane tostato, aggiungi un filo d'olio a crudo e... voilà!
I tuoi crostoni di pane raffermo con verdure sono pronti per essere gustati.

Un consiglio spassionato: goditi ogni morso, perché con questa ricetta non solo stai deliziando il tuo palato, ma stai anche dando il tuo contributo per ridurre lo spreco alimentare. E se ti avanza qualche crostone? Nessun problema! Conservalo in frigo e sfruttalo come spuntino per l'indomani. Zero sprechi, massimo gusto: questo è il motto della cucina vegetale!

Buon appetito!

FRITTATA DI BUCCE DI PATATE

Ecco una ricetta che ti farà guardare le bucce di patate con occhi diversi! Tradizionalmente buttate via, le bucce di patate, ben lavate, possono diventare un ingrediente delizioso. Ti presento la "Frittata di bucce di patate". Una ricetta innovativa, gustosa e perfetta per una cucina zero sprechi. Preparati a essere stupito!

INGREDIENTI:
- Buccia di 4 patate grandi (ben lavate)
- 4 uova
- Sale
- Pepe
- Aglio in polvere
- Prezzemolo tritato
- Olio d'oliva

PREPARAZIONE:
1.Prima di tutto, assicurati di lavare accuratamente le patate prima di sbucciarle. Vogliamo solo il gusto delizioso delle bucce, non quello della terra!

2. Dopo aver sbucciato le patate, non buttare le bucce. Raccoglile tutte e tagliale in pezzi più piccoli.

3. Scalda un filo d'olio in una padella e aggiungi le bucce di patate. Condisci con sale, pepe e aglio in polvere, poi cuoci fino a quando non diventano dorate e croccanti.

4. Nel frattempo, sbatti le uova in una ciotola. Aggiungi il prezzemolo tritato, un pizzico di sale e pepe.

5. Quando le bucce di patate sono pronte, versale nella ciotola con le uova battute e mescola bene.

6. Riscalda un altro filo d'olio nella padella e versa il composto di uova e bucce di patate. Cuoci a fuoco medio-basso e attendi che le uova si rapprendano.

7. Con l'aiuto di un piatto, gira la frittata e cuoci anche dall'altro lato.

Et voilà! La tua frittata di bucce di patate è pronta per essere gustata. Una ricetta deliziosa che trasforma quello che sarebbe **uno scarto in un piatto ricco di sapore.** Non solo, stai contribuendo a ridurre lo spreco alimentare e questo rende tutto ancora più gustoso. Non resta che mettersi a tavola!

ECO PUNTI

/ 1

41 PESTO DI SEDANO

Hai mai pensato di utilizzare le foglie di sedano per preparare un pesto delizioso e saporito? È una ricetta perfetta per dare una seconda vita a quelle foglioline verdi che finiscono troppo spesso nella pattumiera. Ecco come preparare il "Pesto di foglie di sedano"!

INGREDIENTI:
- Foglie di un mazzo di sedano (ben lavate)
- 50 g di mandorle
- 1 spicchio d'aglio
- 100 g di formaggio grana grattugiato
- Olio d'oliva extra vergine
- Sale e pepe

PREPARAZIONE:

1.Cominciamo dalla base: le mandorle. Puoi usare quelle già sgusciate o, se ti va di metterci un po' di olio di gomito, sgusciale tu. Tosta leggermente le mandorle in padella senza aggiunta di grassi, giusto per risvegliare la loro aroma.

2. Laviamo le foglie di sedano, che rappresentano il cuore verde di questa ricetta. È importante che siano ben pulite, poiché il loro sapore deve emergere senza interferenze.

3. Nel frullatore, metti le foglie di sedano, le mandorle tostate, lo spicchio d'aglio e un bel pugno di grana grattugiato. Frulla il tutto aggiungendo l'olio a filo, fino a ottenere una crema omogenea.

4. Aggiusta di sale e pepe e frulla ancora un pochino per amalgamare tutto. Et voilà, il tuo pesto di foglie di sedano è pronto!

Puoi utilizzarlo per condire la pasta, per spalmarlo sul pane, o come base per le tue pizze fatte in casa.

È un modo semplice e gustoso per evitare gli sprechi in cucina, sfruttando al massimo ogni parte delle verdure. Spero ti piaccia!

Buon divertimento in cucina!

42 POLPETTE DI CECI E SPINACI AL SUGO DI POMODORO

Piacevole, gustosa e plant-based! Questa ricetta di polpette di ceci e spinaci è la soluzione perfetta per un pranzo o una cena leggera e nutriente. E, ovviamente, 100% vegetale!

INGREDIENTI:

1. 400g di ceci già cotti (puoi utilizzare quelli in scatola, sciacquati e scolati)
2. 200g di spinaci freschi (lavati)
3. 2 spicchi d'aglio tritati
4. 1 cipolla piccola tritata
5. Sale e pepe q.b.
6. 1 cucchiaino di cumino in polvere
7. 1 cucchiaino di paprika dolce
8. Pangrattato (circa 50g, puoi aumentare o diminuire a seconda della consistenza desiderata)
9. Olio extravergine d'oliva
10. 400g di pomodori pelati in scatola o salsa di pomodoro fresca
11. Basilico fresco

PROCEDIMENTO:

1. Preparazione delle polpette:

- In un mixer, unisci i ceci, gli spinaci, l'aglio, la cipolla, il cumino, la paprika, sale e pepe. Frulla il tutto fino a ottenere un composto omogeneo.

- Trasferisci il composto in una ciotola e aggiungi gradualmente il pangrattato fino a raggiungere la consistenza desiderata.
- Forma delle piccole polpette con le mani e mettile da parte.

2. Cottura delle polpette:
- In una padella, scalda un po' d'olio e cuoci le polpette fino a quando non saranno dorate da tutti i lati. Mettile da parte.

3. Preparazione del sugo:
- Nella stessa padella, aggiungi un filo d'olio e soffriggi uno spicchio d'aglio tritato. Una volta dorato, aggiungi i pomodori pelati o la salsa di pomodoro.
- Lascia cuocere a fuoco medio-basso per circa 15-20 minuti. Aggiungi sale, pepe e basilico a piacimento.

4. Combinazione finale:
- Una volta che il sugo è pronto, aggiungi le polpette nella padella e lascia cuocere insieme per altri 5-10 minuti.
- Servi caldo, con una spolverata di lievito alimentare o formaggio vegano grattugiato sopra per un tocco di sapore in più!

Consiglio: Accompagnale con quinoa o riso.

ECO PUNTI

/1

105

43 COUS COUS DI VERDURE E TOFU ALLA CURCUMA

Un piatto esotico e delizioso che combina sapori mediterranei e orientali, perfetto per coloro che seguono una dieta plant-based e desiderano qualcosa di diverso dalla solita routine. Il tofu alla curcuma dona proteine e un bel colore giallo al piatto, mentre le verdure fresche aggiungono croccantezza e sapore.

INGREDIENTI:

1. 200g di couscous integrale
2. 250ml di brodo vegetale
3. 200g di tofu
4. 1 peperone rosso, tagliato a dadini
5. 1 zucchina, tagliata a dadini
6. 1 carota, tagliata alla julienne
7. 2 cucchiai di olio extravergine d'oliva
8. 2 cucchiaini di curcuma in polvere
9. Sale e pepe q.b.
10. 1 manciata di coriandolo o prezzemolo fresco, tritato
11. Succo di 1 limone
12. 2 cucchiai di mandorle tostate, per guarnire (opzionale)

PROCEDIMENTO:

1. Preparazione del cous cous:
- Porta a bollore il brodo vegetale, quindi spegni il fuoco e aggiungi il couscous. Copri e lascia riposare per 5 minuti. Poi, con una forchetta, separa i granelli e lascia raffreddare.

2. Preparazione del tofu:
- Taglia il tofu a cubetti e mettilo in una ciotola. Aggiungi la curcuma, sale e pepe, e mescola bene fino a quando ogni pezzo è ben ricoperto.
- In una padella, scalda un cucchiaio d'olio e cuoci il tofu fino a quando diventa dorato su tutti i lati. Togli dal fuoco e metti da parte.

3. Cottura delle verdure:
- Nella stessa padella, aggiungi un altro cucchiaio d'olio e soffriggi peperone, zucchina e carota fino a farli diventare teneri.

4. Assemblaggio:
- Unisci le verdure e il tofu al couscous in una grande ciotola. Aggiungi il succo di limone e il coriandolo o prezzemolo tritato. Mescola bene.
- Assaggia e aggiusta di sale e pepe secondo il tuo gusto.

5. Servire:
- Trasferisci il couscous in piatti singoli o in una grande ciotola. Guarnisci con mandorle tostate per un tocco croccante e ulteriore sapore.

ECO PUNTI

/ 1

ZUPPA DI LENTICCHIE E SPINACI ALLA CREMA DI COCCO

Una zuppa cremosa e nutriente, perfetta per le giornate più fresche o quando hai bisogno di un comfort food sano. Le lenticchie forniscono un'ottima dose di proteine, mentre gli spinaci sono ricchi di ferro e vitamine. La crema di cocco dona una morbidezza irresistibile alla zuppa, rendendola perfetta anche per chi segue una dieta plant-based.

INGREDIENTI:

1. 200g di lenticchie (preferibilmente in ammollo per qualche ora)
2. 1 cipolla media, tritata finemente
3. 2 spicchi d'aglio, tritati
4. 400ml di latte di cocco
5. 500ml di brodo vegetale
6. 150g di spinaci freschi
7. 2 cucchiai di olio d'oliva
8. 1 cucchiaino di curcuma
9. 1 cucchiaino di cumino
10. Sale e pepe q.b.
11. Succo di 1/2 limone
12. Coriandolo fresco o prezzemolo per guarnire (opzionale)

PROCEDIMENTO:

1. Preparazione delle lenticchie:
- Sciacqua le lenticchie e scolale.

2. Cottura della zuppa:

- In una pentola capiente, scalda l'olio d'oliva e soffriggi la cipolla e l'aglio fino a quando diventano trasparenti e profumati.
- Aggiungi la curcuma e il cumino, mescola bene per un minuto.
- Introduci le lenticchie nella pentola e mescola per farle insaporire.
- Versa il brodo vegetale e porta a ebollizione. Riduci la fiamma e lascia sobbollire per circa 20-25 minuti , quando le lenticchie saranno tenere.
- Aggiungi gli spinaci e il latte di cocco, mescolando bene. Lascia cuocere per altri 5-7 minuti.
- Assaggia e regola di sale e pepe secondo il tuo gusto.

3. Finitura:

- Spremi il succo di mezzo limone nella zuppa e mescola bene.
- Servi la zuppa in ciotole calde e, se lo desideri, guarnisci con coriandolo fresco o prezzemolo tritato.

Consiglio: questa zuppa è perfetta da servire con del pane integrale tostato o dei crostini.

ECO PUNTI

/ 1

Immagina di imparare a preparare un delizioso curry di verdure, un risotto cremoso ai funghi, o un burger vegetale così gustoso da far invidia ai carnivori più convinti. Tutto questo e molto di più è possibile con un corso di cucina vegetale.

Queste **cooking class** ti trasporteranno in un viaggio culinario tutto intorno al mondo, un mondo che può essere esplorato attraverso una tavolozza di sapori **completamente vegetali.** Non solo ti divertirai a sperimentare nuove ricette, ma imparerai anche come le tue scelte alimentari possono avere un impatto positivo sul nostro pianeta.

Scegliere di cucinare piatti vegetali è un gesto eco-friendly. Consumare meno carne significa ridurre la tua impronta di carbonio, perché **l'industria della carne è una delle principali fonti di emissioni di gas serra.**

Ma non è tutto, il Be Kind sta lavorando su un corso online di cucina vegetale, proprio per tutti quelli come noi che vogliono imparare a cucinare in modo più sostenibile e gustoso. Che tu sia già un veterano della cucina vegetale o un principiante curioso, troverai sicuramente qualcosa che ti entusiasmerà.

Allora, che ne dici? È il momento di aprire la mente e il palato a nuovi, deliziosi e sostenibili sapori. **Ci vediamo in cucina!**

ECO PUNTI

/ 1

Parliamo di una delle mie invenzioni preferite: la bottiglia riutilizzabile!

Partiamo dal principio: l'acqua. Sì, quel liquido limpido e rinfrescante che ci disseta e ci tiene vivi. Ecco, l'acqua è un po' come il carburante per la nostra macchina umana. Senza, ci inceppiamo, ci stanchiamo e... beh, diciamo che diventiamo un po' come una pianta appassita. Perciò, idratarsi è essenziale!

Ora, potresti pensare: "E allora? Posso comprare una bottiglietta d'acqua al supermercato, no?" Eh, qui casca l'asino. Pensa a quante di quelle bottigliette di plastica usa e getta finiscono in discarica ogni giorno. Un'intera montagna! Ecco quando la bottiglia riutilizzabile entra in gioco.

La riempi, la bevi, la riempi di nuovo. E così via. Molte di queste bottiglie sono super stilose!

Puoi scegliere il colore, il design, e alcune hanno persino dei simpatici messaggi stampati sopra.

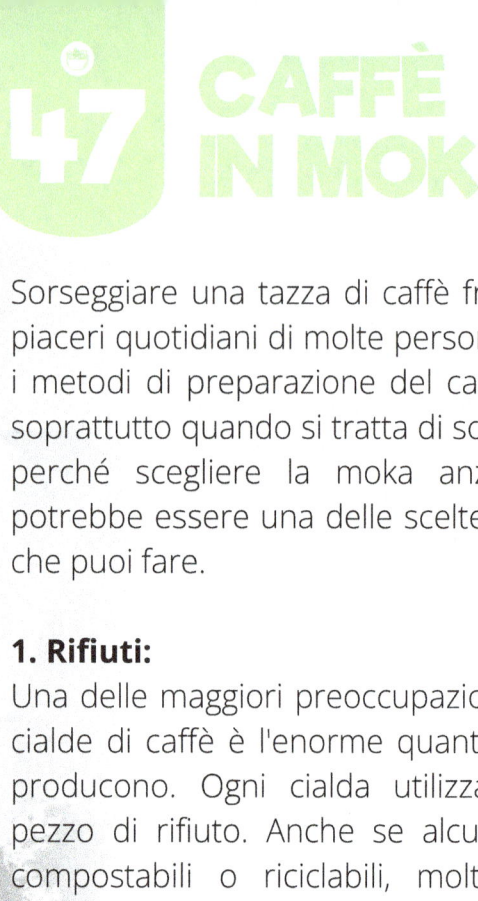

47 CAFFÈ IN MOKA

Sorseggiare una tazza di caffè fresco è uno dei piaceri quotidiani di molte persone. Ma non tutti i metodi di preparazione del caffè sono uguali, soprattutto quando si tratta di sostenibilità. Ecco perché scegliere la moka anziché le cialde potrebbe essere una delle scelte più ecologiche che puoi fare.

1. Rifiuti:

Una delle maggiori preoccupazioni riguardo alle cialde di caffè è l'enorme quantità di rifiuti che producono. Ogni cialda utilizzata diventa un pezzo di rifiuto. Anche se alcune cialde sono compostabili o riciclabili, molte finiscono in discarica. Invece, con una moka, l'unico "rifiuto" è il caffè macinato, che è compostabile e può essere anche utilizzato come fertilizzante per le piante!

2. Materiali:

Le cialde sono spesso fatte di plastica o alluminio, materiali che richiedono molta energia per essere prodotti. La moka, d'altra parte, è spesso fatta di alluminio o acciaio inossidabile e può durare per anni, se non decenni, con una manutenzione adeguata.

3. Costi nel Lungo Termine:

Anche se l'acquisto iniziale di una moka potrebbe costare di più rispetto ad alcune macchine per cialde, nel lungo termine si risparmia. Non devi comprare costantemente nuove cialde; basta solo il caffè macinato.

4. Autenticità e Tradizione:
Preparare il caffè con la moka è un'arte. Ci sono intere generazioni in paesi come l'Italia che sono cresciute con il rituale di preparare il caffè con la moka. Questo metodo non solo preserva una tradizione, ma ti offre anche un caffè ricco e autentico.

5. Controllo:
Hai mai notato che non tutte le cialde hanno lo stesso sapore, anche se sono della stessa marca? Con la moka, hai un controllo totale sulla qualità, sulla quantità e sulla forza del caffè. Puoi personalizzare ogni tazza secondo i tuoi gusti.

E tu utilizzi la moka o le cialde?

☐ Moka
☐ Cialde

ECO PUNTI

/ 1

COS'È IL GREENWASHING?

Il greenwashing, letteralmente "lavaggio verde", è una tattica che alcune aziende usano per **sembrare più ecologiche di quanto non siano in realtà.** Lo fanno perché hanno capito una cosa: a noi, come consumatori, piace l'idea di fare del bene all'ambiente. Vogliamo acquistare prodotti "verdi", sostenibili, eco-compatibili. E loro, astuti come sono, ne approfittano. Ecco come funziona: l'azienda X lancia un nuovo prodotto e sulla confezione ci mette una bella foglia verde, o il simbolo del riciclo, o addirittura parole come "naturale", "bio", "eco-friendly". E noi, poveri consumatori ingenui, ci caschiamo, pensando di fare del bene all'ambiente.

Ma in realtà, **quel prodotto non è così "verde" come sembra.** Forse è fatto con materiali non riciclabili, o il processo di produzione inquina molto, o l'azienda stessa ha pratiche poco sostenibili. In altre parole: *ci hanno fregato.*

Come si fa a riconoscere il greenwashing? Ci sono alcuni indizi che possono aiutarti.
Primo: diffida delle parole vaghe come "naturale" o "verde", che non hanno una definizione legale e possono essere usate a sproposito. Secondo: cerca i certificati di sostenibilità rilasciati da enti indipendenti. Terzo: informati! Un consumatore informato è un consumatore potente.

GIARDINAGGIO IDROPONICO

Ti sei mai chiestə come fare a coltivare piante senza mettere le mani nella terra? Parliamo del giardinaggio idroponico, una magia green che sembra uscita da un film di fantascienza. Ma no, è realtà e se stai cercando di fare il tuo pezzettino per l'ambiente, è anche super eco-friendly.

Allora, cominciamo dalle basi:

cos'è l'idroponico? In parole povere, è un metodo di coltivazione dove **le piante crescono in acqua invece che nel terreno.** Sì, hai capito bene: acqua! Le radici delle piante si immergono in una soluzione nutritiva che fornisce loro tutto ciò di cui hanno bisogno per crescere felici e rigogliose.

E perché dovresti provare questa meraviglia eco? Innanzitutto, consuma molta meno acqua rispetto alla coltivazione tradizionale. E poi, immagina di avere un orto sul tuo balcone senza la solita confusione di terra e vermi. Super Cool!

Adesso, sei prontə per creare il tuo sistema idroponico? Puoi cominciare da kit pronti, facilmente reperibili online o nei negozi specializzati. Sono perfetti per i principianti! Ma se ti senti un po' più avventurosə, puoi anche costruirlo da zero, acquistando le varie componenti e seguendo guide su internet. Se hai dubbi o domande, ci sono un sacco di community appassionate pronte ad aiutarti.

OLA VERDE

Mentre molte aziende cercavano di ridurre la loro impronta di carbonio, una piccola start-up nel cuore della Spagna si poneva un obiettivo ancora più ambizioso: invertire l'impronta di carbonio. Fondata nel 2022 da Mariana Ruiz, una biologa marina appassionata, e Alejandro Fernandez, un ingegnere meccanico, l'azienda si chiama "Ola Verde" - che in italiano può tradursi con "Onda Verde".

Mariana aveva scoperto nel corso delle sue ricerche che alcune specie di alghe, se coltivate in determinate condizioni, potevano assorbire e trattenere enormi quantità di CO_2, molto più di qualsiasi albero terrestre. Alejandro, con le sue competenze ingegneristiche, aveva ideato un modo per coltivare queste alghe in enormi bio-reattori galleggianti. Ma c'era di più: una volta raccolte, queste alghe potevano essere trasformate in una sorta di "farina verde" ricca di nutrienti.

Ma cosa fa davvero la differenza con Ola Verde? Non solo hanno ideato un modo innovativo per combattere il cambiamento climatico, ma hanno anche creato un prodotto sostenibile e nutriente. La "farina verde" prodotta dalle alghe è diventata un ingrediente chiave in molti prodotti alimentari, dai panini ai biscotti, dalle bevande ai piatti gourmet.

Ma la visione di Ola Verde non si fermava alla produzione alimentare. Hanno lanciato programmi educativi nelle scuole per insegnare ai bambini l'importanza delle alghe nella lotta contro il cambiamento climatico. Hanno inoltre collaborato con chef di tutto il mondo per creare deliziosi piatti usando la loro "farina verde", mostrando al mondo che sostenibilità può anche significare gusto.

Nel giro di pochi anni, Ola Verde ha attirato l'attenzione globale. I loro bio-reattori galleggianti sono ora presenti in ogni oceano, e l'azienda ha piani per espandere la produzione di "farina verde" ad altre regioni del mondo. Ma forse la cosa più emozionante è che hanno dimostrato come un'idea innovativa e sostenibile possa davvero cambiare il mondo.

Se c'è una lezione da trarre dalla storia di Ola Verde, è che a volte le soluzioni ai nostri problemi più grandi possono venire da cose davvero piccole. E che con passione, dedizione e un po' di innovazione, possiamo davvero fare una differenza.

EVENTI

Hai presente quando si dice **"Mettìamoci insieme e facciamo qualcosa di grande"?** Ecco, è esattamente ciò di cui parliamo in questo capitolo. Perché la sostenibilità non è solo una cosa che si fa da soli a casa, con il riciclo e il compost.

SOSTENIBILI

È qualcosa che ci unisce, che crea relazioni, che ci fa sentire parte di qualcosa di più grande. E quando parliamo di 'qualcosa di più grande', **ci riferiamo agli eventi sostenibili**.

48 CLEAN - UP CITY WALK!

Ti sei mai chiestə cosa potresti fare per aiutare l'ambiente in un modo tangibile, qui e ora? Hai mai sentito parlare di un **"Clean-Up"?** Non preoccuparti se la risposta è no, perché sto per raccontarti una delle iniziative più belle e gratificanti che tu possa fare per aiutare il nostro bel pianeta.

Un Clean-Up è essenzialmente un evento in cui un gruppo di persone si riunisce per ripulire un'area specifica da rifiuti e detriti, spesso plastica, che sono stati maldestramente abbandonati. Potrebbe essere un parco, una spiaggia, un fiume o qualsiasi altro luogo che potrebbe beneficiare di un po' di cura e attenzione.

Un Clean-Up di solito dura un paio di ore, ma la cosa straordinaria è rendersi conto di come poche ore possano fare la differenza. Non solo: si rimuovono rifiuti dall'ambiente e si sensibilizzano le persone su quanto sia diffuso il problema dell'inquinamento da rifiuti. Vedere personalmente l'impatto che l'abbandono dei rifiuti ha sull'ambiente può essere un vero shock, ma può anche ispirare un cambiamento nel **comportamento quotidiano.**

In Italia, noi di Be Kind organizziamo numerosi eventi di Clean-Up. Non si tratta solo di fare la propria parte per l'ambiente, ma anche di incontrare persone che condividono interessi e valori simili e passare qualche ora all'aria aperta. È un'esperienza incredibilmente gratificante e ti garantisco che uscirai da un Clean-Up con un nuovo apprezzamento per il mondo naturale e il tuo ruolo nel proteggerlo.

Se ti stai chiedendo come partecipare, la risposta è semplice: segui la pagina Instagram di Be Kind @bekind_italia. Qui trovi tutte le informazioni sui prossimi eventi di Clean-Up e su come unirti a noi!

Prendi in mano un sacco della spazzatura e un paio di guanti e preparati a fare la differenza. La raccolta di plastica non è mai stata così divertente!

PER QUANTO

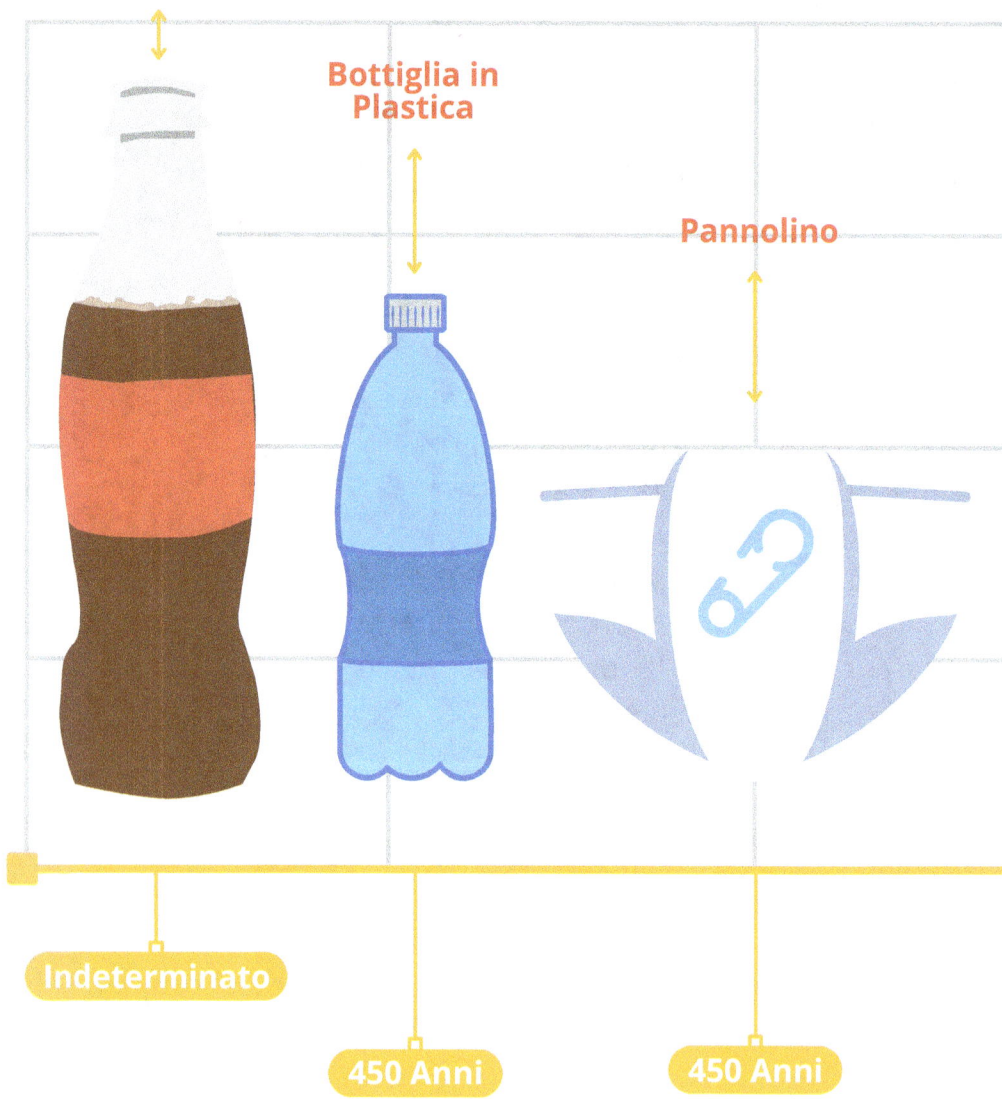

Bottiglia in Vetro

Bottiglia in Plastica

Pannolino

Indeterminato

450 Anni

450 Anni

Fonte: NOAA (National Oceanic and Atmospheric Administration). US / Woods Hole SeaGrant, US

TEMPO I RIFIUTI

NELL'AMBIENTE?

Lattina

Mozziconi di Sigarette

Busta di Plastica

Giornale

200 Anni

10 - 20 Anni

1 - 5 Anni

6 Settimane

49 GIORNATA
MONDIALE DELLA TERRA

Sei in cerca di idee su come celebrare al meglio la Giornata Mondiale della Terra? Ti svelo un segreto: coinvolgi i tuoi amici e partecipa agli eventi locali! Ecco come fare.

Per cominciare, fai un po' di ricerca online. Sì, proprio come faresti per trovare il miglior ristorante in città o il prossimo concerto della tua band preferita. Cerca "Eventi Locali Giornata Mondiale della Terra" e vedrai quante iniziative ci sono proprio nella tua zona!

Potrebbero esserci **maratone verdi, clean-up nei parchi, workshop sulla sostenibilità, conferenze sull'ambiente, mercatini di artigianato eco-sostenibile, mostre d'arte**... le possibilità sono infinite!

E sai che cosa rende tutto questo ancora più speciale? Coinvolgere i tuoi amici! Non c'è niente di meglio che fare qualcosa di significativo per il nostro pianeta e al tempo stesso divertirsi con le persone a cui teniamo. Invitali a unirsi a te, sarà un modo fantastico per passare del tempo insieme e fare qualcosa di concreto per l'ambiente.

La Giornata Mondiale della Terra non è solo un'occasione per riflettere sulle sfide ambientali che il nostro pianeta sta affrontando, ma è anche un momento per agire. Partecipare agli eventi locali è un modo efficace per contribuire al cambiamento, sensibilizzare e diffondere il messaggio dell'importanza della cura del nostro pianeta.

Quindi, preparati, metti in agenda la data e coinvolgi i tuoi amici. Ognuno di noi può fare la differenza. E quando lo facciamo insieme, quella differenza può diventare enorme. Facciamo del 22 aprile una giornata indimenticabile, per noi e per la Terra!

ECO PUNTI

/ 1

50 CORRI PER IL CLIMA

Ti sei mai fermatə a pensare a quanto sia bello fare qualcosa che ami e allo stesso tempo dare una mano al nostro caro vecchio pianeta? Ecco, ti presento la Maratona Verde, l'occasione per unire la tua passione per la corsa all'azione per il clima.

La Maratona Verde non è la solita corsa, è un evento speciale che ti permette di fare la tua parte per combattere il cambiamento climatico. Una maratona può effettivamente aiutare a combattere il riscaldamento globale.

Ma come? È semplice, durante questa maratona non corri solo per migliorare il tuo tempo o per superare i tuoi limiti, ma anche per mandare un messaggio forte e chiaro: **è il momento di agire per il nostro clima.**

Ogni chilometro che corri, ogni passo che fai, non è solo un tributo alla tua resistenza, ma è anche un grido che lanci al mondo: **dobbiamo cambiare.** Dobbiamo iniziare a pensare e agire in modo più sostenibile.

E la bellezza della Maratona Verde è che non si limita a parlare di cambiamento climatico, ma agisce per davvero. Durante l'evento, vengono promosse diverse iniziative per ridurre l'impatto ambientale, come la limitazione dei rifiuti, l'uso di materiali riciclabili e il riciclo dell'acqua.

Ma l'aspetto più interessante è che partecipando a questa maratona, diventi parte della soluzione. Con ogni passo, stai contribuendo a sensibilizzare l'opinione pubblica sulle questioni ambientali e stai dimostrando che ognuno di noi può fare la differenza.

Quindi, se ti piace l'idea di mettere le tue scarpe da corsa e correre per una causa così importante, non perdere l'occasione di partecipare alla prossima Maratona Verde. Sarà un'esperienza non solo salutare per il tuo corpo, ma anche per il nostro pianeta.

Inoltre, non dimenticare di seguire le pagine social di questo evento per rimanere sempre aggiornatə. Corri per il clima, corri per il nostro futuro!

ECO PUNTI

/ 1

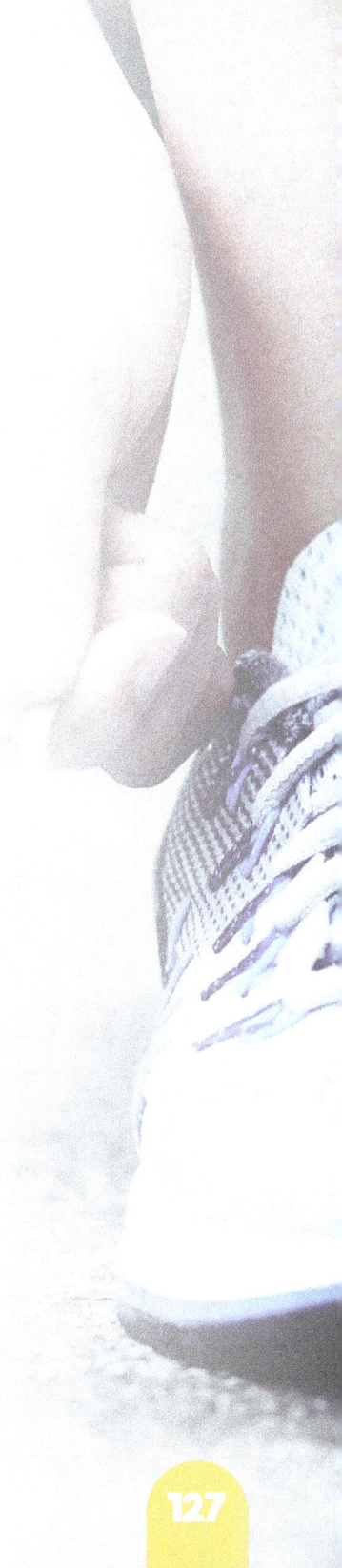

51 GREEN FILM FESTIVAL

Prepara un bel secchiello di popcorn e mettiti a tuo agio, perché sto per presentarti il Green Film Festival. Il festival del cinema tutto incentrato sul verde, sull'ambiente e sulla sostenibilità.

Il Green Film Festival è un evento fantastico che celebra l'intersezione tra l'arte del cinema e l'ambiente. È una vetrina straordinaria di film provenienti da tutto il mondo, con un focus comune: la nostra bellissima Madre Terra.

E non pensare che sia un festival solo per gli intellettuali o per gli ambientalisti hardcore. È un'esperienza incredibile per chiunque sia interessato a conoscere storie coinvolgenti che ruotano attorno ai temi dell'ecologia e della sostenibilità. Ogni film offre una prospettiva unica sulla nostra relazione con il mondo naturale, e alcuni potrebbero farti vedere le cose sotto una luce completamente nuova.

Quindi, se sei un appassionatə di cinema, o se ti importa del nostro pianeta (e sì, so che lo sei), non vorrai perderti il prossimo Green Film Festival. Non vedo l'ora di commentare insieme il film dell'anno!

ECO PUNTI

/ 1

52 MERCATO DELLE PULCI

"Mercato delle pulci" è un termine pittoresco che usiamo per descrivere un tipo di mercato, molto speciale, dove si vendono oggetti usati. È un posto fantastico dove puoi trovare vere e proprie gemme vintage, a prezzi stracciati!
Sono molto popolari nelle grandi città, ma non è raro trovarne anche nei paesini più piccoli. Il trucco è tenere gli occhi ben aperti e chiedere in giro.

E sai qual è la cosa più bella? Molte volte questi mercati vengono organizzati per beneficenza, quindi avrai la possibilità di fare un affare, e allo stesso tempo, potrai anche aiutare una buona causa!

Poi c'è il lato green della medaglia. Comprare al mercato delle pulci significa dare una seconda vita agli oggetti, evitando che finiscano in discarica. Metti in agenda il prossimo weekend libero, cerca il mercato delle pulci più vicino e preparati a un'avventura di shopping come nessun'altra! Tieni gli occhi ben aperti, nel mondo dei mercati delle pulci, ogni scatola può nascondere un tesoro.

ECO PUNTI

/ 1

L'oceano non è solo l'habitat di sirene e tritoni. È anche il cuore pulsante del nostro pianeta e, purtroppo, è anche diventato una sorta di discarica. Ma non tutto è perduto! Ci sono delle menti brillanti al lavoro, pronte a dare una mano ai nostri cari oceani.

Hai mai sentito parlare di Ocean Cleanup? Questa gang di eco-guerrieri ha avuto un'idea geniale: **delle barriere galleggianti.** Queste barriere, un po' come degli aspirapolveri oceanici, si muovono seguendo le correnti e raccolgono tutti quei rifiuti indesiderati. E non parliamo di qualche sacchetto di plastica qua e là, ma di TONNELLATE di spazzatura!

L'obiettivo? Beccare quella plastica birichina prima che raggiunga i famigerati vortici di spazzatura oceanica, che sono come le feste più frequentate dalla plastica nell'oceano.
Ora, immagina un mondo in cui gli oceani sono liberi da questa minaccia e dove noi possiamo nuotare, fare surf o semplicemente rilassarci sulla spiaggia senza doverci preoccupare di inciampare in rifiuti di plastica. Se ti va, puoi sostenere queste incredibili iniziative. Perché, in fondo, proteggere gli oceani significa proteggere noi stessi.
E chi non vorrebbe dare una mano a sirene e tritoni?

ECO PUNTI

/ 1

54 BALLA ED ILLUMINA

Esistono discoteche che stanno rivoluzionando il modo in cui vediamo l'energia, e tutto grazie a te e ai tuoi passi di danza scatenati!

Immagina di entrare in una di queste discoteche futuristiche. Ogni passo che fai, ogni saltello, ogni movimento su quel pavimento speciale produce energia. Il pavimento è stato progettato per convertire il tuo movimento in elettricità!

Questo tipo di tecnologia si chiama **"energy harvesting"** e utilizza dei generatori piezoelettrici posti sotto il pavimento della pista da ballo. Ogni volta che ci si mette il piede sopra, generano energia. È un po' come se la pista da ballo avesse il suo piccolo team di maghi dell'energia, pronti a trasformare il tuo entusiasmo in corrente elettrica. Mentre tu ti diverti con gli amici, non solo stai dando energia alla discoteca, ma stai anche contribuendo a un mondo più sostenibile. E chissà, forse un giorno vedremo questa tecnologia in molti altri luoghi! Quindi, la prossima volta che qualcuno ti dice che dovresti "risparmiare energia", ricordagli che sai come "produrla" e invitalə a ballare.

ECO PUNTI

/ 1

55 GIPSY GARDEN

Oggi ti racconto una storia. Immagina di passeggiare a piedi nudi sull'erba, in una calda giornata di sole, mentre ti lasci guidare dal profumo di qualche leccornia, dal suono di una chitarra che ti accoglie in lontananza. Sei entrato nel meraviglioso mondo del Gipsy Garden, un **mercatino creativo** nato in Romagna nel 2016.

Questo evento è un piccolo universo di anime creative: **artigiani, artisti e visionari** che condividono la loro passione e il loro talento in un contesto di libertà e allegria. Troverai di tutto: ceramica, abbigliamento, home decor, accessori e molto altro. Ogni pezzo che scoprirai ha una storia da raccontare, una storia di mani esperte e di cuori pieni di passione.

Ma il Gipsy Garden non è solo un mercato: è un luogo di incontro, di scambio, di esplorazione. È il posto dove scoprirai nuovi artisti, proverai ricette deliziose servite su due ruote e ti sentirai parte di una comunità unita dalla passione per l'artigianato, l'arte e la natura.

Quello che rende speciale il Gipsy Garden è il suo spirito gitano: un'anima libera e selvaggia che ama viaggiare, incontrare persone nuove, condividere idee e sogni. Da quella prima giornata soleggiata, il Gipsy Garden ha continuato a crescere, ad arricchirsi di nuove voci, culture, storie. Ad ogni edizione, l'evento si arricchisce di nuovi colori, nuove performance, nuovi abbracci e nuovi incontri.

Sei pronto a unirti a questa allegra carovana di creatività?

Allora segui la loro pagina Instagram @gipsygarden_ per scoprire quando e dove avrà luogo il prossimo evento. Non vedo l'ora di vederti lì!

ECO PUNTI

 / 1

Conosci il brivido di eccitazione e scoperta nell'entrare in un negozio vintage? Ogni capo sembra avere una storia tutta sua da raccontare, un alone di mistero che rende l'esperienza di shopping unica e speciale. **Vinokilo è questo, ma in formato itinerante.**

Vinokilo è un evento che porta l'esperienza del vintage in giro per l'Italia e l'Europa. Non è più necessario vivere in una grande città per avere accesso a capi di abbigliamento di seconda mano di qualità, perché Vinokilo porta questi tesori vintage direttamente da te.

La vera magia di Vinokilo sta nel modo in cui si vendono i capi: al chilogrammo! Immagina di vagare tra file e file di abiti unici, accumulando i tuoi preferiti senza preoccuparti del prezzo di ogni singolo pezzo. **L'esperienza è liberatoria, ti permette di concentrarti sulla ricerca del capo perfetto senza l'ansia del costo.**

Ma la bellezza di Vinokilo non risiede solo nell'esperienza di shopping. Acquistando da loro, **stai facendo una scelta di moda consapevole.**

Ogni capo venduto è usato, il che significa che stai contribuendo a **ridurre l'impatto ambientale dell'industria della moda**. Non c'è bisogno di produrre nuovi capi quando ci sono già tanti tesori vintage pronti a essere riscoperti e amati nuovamente.

In poche parole, Vinokilo è un tesoro nascosto per gli amanti del vintage e un faro per coloro che sognano un futuro più sostenibile. E non dimenticare, il vintage non è solo per pochi. È per tutti noi. È un modo per esprimere la nostra individualità e la nostra creatività. È un modo per mostrare al mondo che crediamo in un modo diverso di fare moda, più rispettoso dell'ambiente e consapevole.

Sei prontə a vivere l'esperienza Vinokilo e a unirti al movimento del vintage? Allora segui la loro pagina Instagram @vinokiloitalia per essere sempre aggiornatə sulle prossime tappe di questo affascinante viaggio itinerante nel mondo del vintage.

Un mondo di scoperte ti aspetta!

ECO PUNTI

/ 1

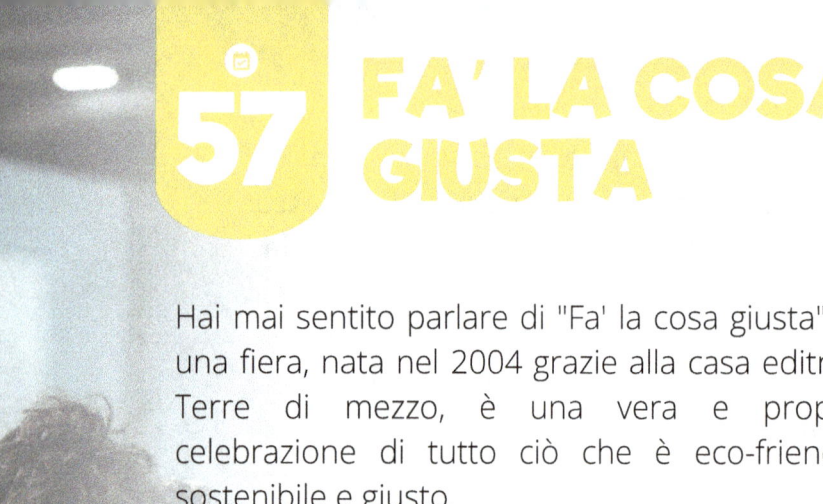

57 FA' LA COSA GIUSTA

Hai mai sentito parlare di "Fa' la cosa giusta"? È una fiera, nata nel 2004 grazie alla casa editrice Terre di mezzo, è una vera e propria celebrazione di tutto ciò che è eco-friendly, sostenibile e giusto.

Pensa a "Fa' la cosa giusta" come una festa di tre giorni dove si possono scoprire un sacco di cose interessanti. Gli espositori offrono una varietà di prodotti e servizi che ti faranno riflettere su come possiamo fare la differenza nel nostro quotidiano. E non è solo una fiera, è anche un luogo di incontro, con **oltre 450 eventi nel Programma Culturale** per tutte le età, dai laboratori agli spettacoli, dalle degustazioni ai dibattiti. Ci sono anche aree dedicate ai più piccoli e spazi dedicati alla ristorazione.

Perché dovresti partecipare? "Fa' la cosa giusta" è un'ottima occasione per imparare qualcosa di nuovo, per scoprire come le tue scelte di consumo possono avere un impatto sul mondo. In secondo luogo, è un luogo di incontro e di formazione, un'occasione per relazionarsi con altre persone che condividono i tuoi stessi interessi .

E infine, partecipando, stai facendo la tua parte per costruire un mondo più sostenibile e giusto. Non è fantastico?

Per rimanere aggiornatə sugli eventi futuri, non dimenticare di seguire il loro account Instagram @falacosagiusta_official o visita il loro sito web.

Spero di incontrarti alla prossima fiera! Io ci sarò e tu?

ECO PUNTI

/ 1

DIVENTA REFERENTE

Se ami la natura, gli animali e le persone, ed hai voglia di fare la differenza, ho qualcosa di molto speciale da proporti. Ti va di unirti a noi e diventare un Referente Be Kind?

Ecco perché dovresti farlo!
Immagina di passare il tuo tempo libero facendo qualcosa di realmente significativo, qualcosa che ti fa sentire bene, ma che allo stesso tempo fa bene anche al pianeta e alla comunità in cui vivi.

Che ne dici di organizzare eventi che uniscano persone con lo stesso spirito e che contribuiscano a diffondere un po' di **gentilezza** in questo mondo che ne ha tanto bisogno?

Be Kind sta cercando referenti in tutta Italia, persone entusiaste e determinate, che vogliano unirsi al nostro team per organizzare eventi di sensibilizzazione. Puoi fare qualsiasi cosa, dalle passeggiate con i cani del canile locale, alla raccolta della plastica nei parchi, alle sessioni di yoga all'aperto, e tanto altro. La missione è quella di diffondere la gentilezza: verso la natura, gli animali, le persone e noi stessi.

Diventare un Referente Be Kind non solo ti darà l'opportunità di fare del bene, ma ti darà anche la possibilità di conoscere un sacco di persone fantastiche, di imparare nuove cose e di crescere, sia come individuo che come parte di una comunità.

Quindi, cosa aspetti? Prendi il tuo entusiasmo, il tuo amore per la gentilezza e unisciti al nostro team Be Kind. Inizia ad organizzare i tuoi eventi e a diffondere un po' di bontà nel mondo. Scommetto che non potrai più farne a meno!

Instagram: @bekind_italia

BE KIND

FOLLOW A LA SOSTENIBILITA

Se stai leggendo questo libro, probabilmente hai già un cuore eco-friendly pulsante e una mente curiosa pronta a imparare. E quale modo migliore per tenersi aggiornati sul mondo della sostenibilità, se non attraverso il dinamico universo di Instagram?

Instagram non è solo l'app per guardare le foto dei gattini o per sospirare di fronte ai piatti gourmet. È anche una miniera d'oro di informazioni, idee e ispirazioni per vivere una vita più verde. Molti attivisti, esperti e appassionati di sostenibilità stanno usando la piattaforma per condividere consigli, trucchi e aggiornamenti su tutto ciò che riguarda il mondo eco-friendly.

· **Ispirazione Quotidiana:** Ogni giorno, puoi imbatterti in una nuova idea o in un piccolo gesto sostenibile che puoi iniziare a praticare immediatamente.

· **Connettiti con una Comunità:** Seguire questi profili ti farà sentire parte di una comunità globale di individui che condividono la tua passione per la Terra.

• **Storie di Successo**: Molti di questi influencer condividono le loro personali "vittorie verdi", piccole o grandi, e questo può ispirarti a fare di più nella tua vita quotidiana.

Ora, anche se non possiamo fornirti una lista precisa di profili (anche se avremmo amato farlo), ti consigliamo di fare una rapida ricerca su Instagram con hashtag come #Sostenibilità, #EcoFriendlyTips, #Green o #VitaVerde. Sarai sorpresə di quanti contenuti fantastici e utili potresti scoprire!

Ma non fermarti solo ai profili più popolari. Scopri e supporta anche piccoli creatori e blogger locali che stanno facendo un grande lavoro nella tua comunità. E, ovviamente, se hai dei suggerimenti o delle gemme nascoste che pensi tutti dovrebbero conoscere, condividile con noi! Quando si parla di sostenibilità, gareggiamo tutti fianco a fianco per un premio comune. E ora, smartphone in mano e inizia la tua avventura eco-Instagram!

MAKE EVERY DAY EARTH

 DAY

IL NOSTRO VIAGGIO NON FINISCE QUI..

Eccoci arrivati alla fine di questo viaggio insieme! Ma questo è solo l'inizio di un percorso che ci vedrà protagonisti nel cambiamento verso un mondo più sostenibile.

Lungo le pagine di questo libro, abbiamo navigato insieme tra consigli per rendere la nostra vita più green, abbiamo parlato di cucina zero sprechi, di spazzolini in bambù e cotton fioc riutilizzabili, abbiamo imparato a leggere i simboli di riciclaggio e scoperto come l'acqua filtrata può essere un piccolo grande passo per il nostro pianeta.

Abbiamo riso, ci siamo stupiti e abbiamo imparato a vedere le cose con occhi diversi. Ogni capitolo è stato un passo verso un futuro più sostenibile, un invito a diffondere gentilezza e rispetto per la Terra che ci ospita. Perché ognuno di noi può fare la differenza, in ogni piccola scelta quotidiana.
Ora, ti invito a rifare il calcolo della tua "Carbon Footprint". Ripensa a tutte le domande che ti sei posto all'inizio del libro e vedi quanto hai imparato. Aggiungi i punti per ogni consiglio che hai applicato o che hai intenzione di applicare.

E non dimenticare: non si tratta di raggiungere il punteggio perfetto, ma di migliorare un po' ogni giorno. Questo libro è stato il nostro modo di condividere con te un pezzetto di mondo, di mostrarti come possiamo tutti contribuire a renderlo un posto migliore. Speriamo di averti trasmesso la stessa passione che abbiamo noi per questo argomeunto e che ti sia stato d'aiuto nel tuo percorso verso una vita più sostenibile.

Chiudi questo libro e spiega le ali verso il tuo personale viaggio nella sostenibilità, rendilo memorabile coinvolgendo i tuoi amici e la tua comunità!

Siamo tutti sulla stessa barca, o meglio, sullo stesso pianeta. Ogni piccolo gesto conta ma solo insieme possiamo fare grandi cose!

Grazie per aver preso parte a questo percorso con noi. Continua a diffondere gentilezza, a vivere in modo sostenibile, a rispettare il nostro pianeta. Perché, alla fine, è l'unico che abbiamo.

Ti abbracciamo forte e speriamo di vederti presto iin azione!

A presto!

Be Kind
Michael Balleroni

/ 100

L'ECOLOGIMETRO:
Da Neo-Green a Maestro Verde!

Da 1 a 25 - "Neo-Green Novizio"

Sei appena entrato nel mondo della sostenibilità e c'è ancora molto da imparare, ma non temere! Ogni grande viaggio inizia con un piccolo passo. Continua a informarti e ad adottare abitudini eco-friendly. L'ambiente ti ringrazierà!

Da 26 a 50 - "Riciclatore Rampante"

Stai prendendo confidenza con la vita sostenibile e stai facendo progressi notevoli. Ogni tanto scivoli in qualche vecchia abitudine, ma sei decisamente sulla giusta strada. Mantieni l'entusiasmo e cerca nuovi modi per ridurre il tuo impatto.

Da 51 a 75 - "Guerriero Eco-Energico"

Wow! Sei davvero in sintonia con la Madre Terra. Conosci le tue abitudini ecologiche e sei sempre alla ricerca di modi per migliorare. Continua così e non dimenticare di condividere le tue conoscenze con gli altri!

Da 76 a 100 - "Maestro della Mente Verde"

Sei un vero campione dell'ambiente! Potresti tranquillamente insegnare ad altri come vivere in modo sostenibile. Ma ricorda, c'è sempre spazio per crescere e per imparare. Continua a diffondere il messaggio e ad essere un modello brillante per tutti.

SCRIVI QUI IL TUO NUOVO LIVELLO:

SCANNERIZZA IL QR CODE E
SCOPRI SCOPRI 25 IDEE
REGALO SOSTENIBILI!

#BEKIND

SCOPRI LA NOSTRA COLLANA DI LIBRI BE KIND

#SPREADKINDNESS